普通高等教育"十三五"应用型本科系列教材

建筑制图项目化教程

主　编　李　华　陈　磊
副主编　俞智昆
参　编　李　莎　李锡蓉　黄素芬

U0380059

机 械 工 业 出 版 社

本书结合应用型本科院校制图教学方法的改革,按项目教学法、任务引领的思路进行编写,对传统的制图基础理论进行优化组合,以掌握概念、强化应用为主要目的,突出实用、适用、够用和创新的"三用一新"的特点。

本书共有五个项目,分别为:建筑制图基础知识、识读与绘制建筑形体、识读与绘制建筑施工图、识读与绘制结构施工图、轴测图的绘制与透视图的了解。

本书可作为应用型本科院校建筑学、工程造价、工程管理、城乡规划、风景园林、土木工程等土木建筑类专业建筑制图课程教材,参考学时48~64学时,也可供相关专业师生及企业相关工程技术人员学习参考。

本书配有 ppt 电子课件,免费提供给选用本书的授课教师。需要者请登录机械工业出版社教育服务网(www.cmpedu.com)注册后免费下载。

图书在版编目(CIP)数据

建筑制图项目化教程/李华,陈磊主编. —北京:机械工业出版社,2017.7(2023.1重印)

普通高等教育"十三五"应用型本科系列教材

ISBN 978-7-111-57056-1

Ⅰ.①建… Ⅱ.①李… ②陈… Ⅲ.①建筑制图-高等学校-教材
Ⅳ.①TU204

中国版本图书馆 CIP 数据核字(2017)第 130422 号

机械工业出版社(北京市百万庄大街22号 邮政编码100037)
策划编辑:刘 涛 责任编辑:刘 涛 王 良 林 辉
责任校对:杜雨霏 封面设计:张 静
责任印制:张 博
北京雁林吉兆印刷有限公司印刷
2023 年 1 月第 1 版第 6 次印刷
184mm×260mm·11.5 印张·275 千字
标准书号:ISBN 978-7-111-57056-1
定价:29.80 元

电话服务   网络服务
客服电话:010-88361066   机 工 官 网:www.cmpbook.com
        010-88379833   机 工 官 博:weibo.com/cmp1952
        010-68326294   金 书 网:www.golden-book.com
封底无防伪标均为盗版   机工教育服务网:www.cmpedu.com

前 言

　　本书根据高等学校工科画法几何及工程制图课程教学指导委员会关于该课程内容与体系改革的建议，以满足现代建筑业对应用型本科建筑制图教学需求为目的，结合应用型本科制图教学方法的改革，按项目教学法、任务引领的思路进行编写，对传统的制图基础理论进行优化组合，以掌握概念、强化应用为主要目的，突出实用、适用、够用和创新的"三用一新"的特点。

　　项目教学法是以项目任务来驱动和展开教学进程的教学模式，将教学过程和具体的工作项目充分地融为一体，围绕具体的项目构建教学内容体系，组织实施教学，提高教学的针对性和实效性。它能在教学过程中把理论和实践有机地结合起来，充分发掘学生的创造潜能，着重培养学生的自学能力、洞察能力、动手能力、分析和解决问题的能力、协作和互助能力、交际和交流能力等综合职业能力。

　　本书总结和吸取了作者近年来教学改革的成功经验和同行专家的意见，在编写中参考了大量的同类教材。本书针对应用型人才的培养，在内容选取上注重实用性和实践性，不但考虑要符合学生的知识基础、心理特征和认识规律，也充分考虑了学生的接受能力，在内容编排上主次分明、详略得当，文字通俗易懂，语言自然流畅，便于组织教学。

　　本书特色具体总结为以下几点：

　　1. 全面贯彻现行的国家标准，如 GB/T 16675—2012《技术制图》、GB/T 50001—2017《房屋建筑制图统一标准》。

　　2. 按项目化形式编写，任务由具体案例引出，将主要知识点融于任务实施过程中，把职业技能训练贯穿于全书。

　　3. 内容编排通俗易懂，突出应用。基本理论以够用为度，减少基本知识深度探究，增强应用性、技能性学习。叙述简练，用表的形式对比、总结。

　　4. 注重理论联系实际，以完成真实生产任务或绘制真实建筑图样为载体，组织教学过程。

　　5. 每个项目或任务后有总结，方便学生课后复习。

　　本书共有五个项目，主要内容有：建筑制图基础知识、识读与绘制建筑形体、识读与绘制建筑施工图、识读与绘制结构施工图、轴测图的绘制与透视图的了解。

　　本书由李华、陈磊主编。李华编写前言、绪论、项目五，李莎编写项目一，陈磊、李锡蓉编写项目二，俞智昆编写项目三，黄素芬编写项目四。本书的编写参考了一些同类书籍，在此特向相关作者表示感谢！

　　由于项目化教学正处于探索和经验积累过程中，书中难免存在疏漏和不足，敬请同行专家和读者批评指正。

编　者

目 录

绪　　论

1. 本课程的研究对象

《建筑制图项目化教程》相应的课程是一门用正投影法原理，研究绘制和阅读建筑图样的课程。

为了能正确表达建筑物的形状、大小、规格和材料等内容，一般需要将建筑物按一定的投影方法和技术要求表达在图纸上，称为建筑图样，简称图样，包括建筑施工图和结构施工图。通过建筑图样，设计者可以表达设计对象和设计意图，建造者可以根据建筑图样对建筑进行构建，同时使用者可以了解建筑的布局、构造等。因此，建筑图样是建筑界、土木工程界用以表达设计意图、进行技术交流和指导建造的重要工具，是生产中重要的技术文件，常被誉为"工程界的技术语言"或"工程师的语言"，作为一名工程技术人员，必须能够阅读和绘制图样。

2. 本课程的性质和任务

"建筑制图"是一门既有系统理论性又有较强实践性的主要技术基础课，是应用型高职本科建筑类、土木工程类各专业必修的主干基础平台课之一。

本课程的主要任务是：

1）学习正投影法的基本理论及其应用。

2）学习和贯彻国家标准、建筑图样有关规定。

3）培养和发展空间想象能力、空间逻辑思维能力和创新思维能力。

4）培养绘制和阅读建筑图样的基本能力。

5）培养一定的工程意识、实践的观点、科学的思考方法。

6）培养学生认真负责的工作态度、严谨细致的工作作风及团队协作精神。

3. 本课程的学习方法

本课程按项目化教学编写，以项目为载体，以工作任务为驱动，在学习过程中，教师的引导和组织贯穿了项目教学法的各个阶段，学生在完成任务的过程中掌握知识和技能，使项目顺利完成。建议学生采用以下学习方法：

1）准备一套符合要求的绘图工具。

2）一般情况下，项目化教学提倡学生自主学习，学习中遇到困难要及时向教师汇报。

3）积极参与到平时的学习中来，注重学习的过程考核，积极解决实际操作过程中遇到的问题。每次完成任务后，要总结自身存在的问题和不足。

4）若条件允许，可利用课程网站等共享教学资源按学习者的思维方式组织学习内容，进行个别化学习。

5）建议利用互联网平台在同学、老师间讨论交流，主动、及时解决遇到的问题。

6）学习中注意由物画图，由图想物，分析和想象空间形体与图样上图形之间的对应关系，逐步提高空间想象能力和空间逻辑思维能力，从而掌握正投影的基本作图方法及应用。

7）做作业时，应先在掌握有关基本概念的基础上，按照正确的方法和步骤作图，养成正确、良好的作图习惯，遵守"建筑制图"国家标准的有关规定。制图作业应做到：投影正确，视图选择与配置恰当，图线分明，尺寸齐全，字体工整，图面整洁美观。

4. 工程图学的发展历程

从历史发展的规律看，工程图学和其他学科一样，也是从人类的生产实践中产生和发展起来的。在文字出现前的很长一段时期内，人们是用图画来满足表达的基本需要。随着文字的出现，图画才渐渐摆脱其早期用途的约束而与工程活动联系起来。譬如，在建造金字塔、战车、建筑物等完美的工程项目和制造简单而有用的器械时，已用图样作为表达设计思想的工具。

从大量的史料来看，早期的工程图样比较多的是和建筑工程联系在一起的。春秋时代的《周礼考工记》、宋代的《营造法式》《新仪象法要》及明代的《天工开物》等著作反映了我国古代劳动人民对工程图样及其相关几何知识的掌握已达到了非常高的水平。

1798 年，法国学者蒙日的《画法几何学》问世，全面总结了前人的经验，用几何学的原理，提供了在二维平面上图示三维空间形体和图解空间几何问题的方法，从而奠定了工程制图的基础，于是，工程图样在各技术领域中广泛使用，在推动现代工程技术和人类文明的发展中发挥了重要的作用。

200 余年来，画法几何没有太大的变化，仅在绘图工具方面有不断的改变。人类在实践中创造了各种绘图工具，从三角板、圆规、丁字尺、一字尺到机械式绘图机，这些绘图工具至今仍在广泛应用着。毋庸置疑，这种手工方式的绘图是一项劳累、繁琐、枯燥和费时的工作，况且画出的图样精度也低。近 40 年，随着计算机软硬件技术和外部设备的不断发展，制图技术有了重大的变化。计算机图形学（Computer Graphics，简称 CG）和计算机辅助设计（Computer Aided Design，简称 CAD）技术大大地改变了设计方式。早期的 CAD 是用计算机绘图代替人工绘制二维图形，用绘图机输出图形。但近 10 年来三维设计技术迅猛发展，设计工作从开始就从三维入手，直接产生三维实体，然后赋予各种属性。

另一种不仅用于设计，也应用于各种感觉表现的技术——计算机虚拟现实（Virtual Reality）技术也在发展。这种技术借助于多媒体技术和各种仿真传感技术，将各种实体、场景活生生地表现出来，并使用户的各种感官感受到刺激，进行自由交互，在虚拟现实的场景中漫游或操作，可达到以假乱真的程度。这种技术还处于探索和发展的初期，但它的应用前景难以估量，它将根本改变人类的思维、生活和生产方式。

我国从 1967 年开始计算机绘图的研制工作，目前，计算机绘图技术已经在很多部门用于生产、设计、科研和管理工作。特别是近年来，一系列绘图软件的不断研制成功，给计算机绘图提供了极大的方便，计算机绘图技术日益普及。目前，我国的工程制图还处在手工绘图与计算机绘图并存的时期，随着我国改革开放的不断推进，工程图学定能在更加广泛的领域得到更大的发展。

项目1　建筑制图基础知识

项目目标

1. 掌握制图的基本规定。
2. 熟悉尺规绘图的工具和使用方法。
3. 熟悉平面图形画法。
4. 掌握正投影法。
5. 掌握点线面的投影特性。

任务 1　平面图形的绘制

如何正确绘制图 1-1-1？

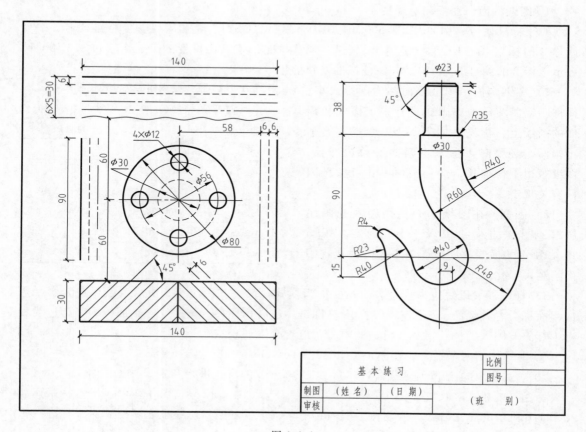

图 1-1-1

任 务 分 析

工程图是表达工程设计的重要技术资料，是施工的依据。为了做到房屋建筑制图规格基本统一，表达清晰简明，保证图面质量，提高制图效率，符合设计、施工、存档等的要求，对于图样的画法、线型、图例、字体、尺寸注法、所用代号等均需要有统一的规定，使绘图和读图都有共同的准则。这些统一规定由国家制定和颁布实施。建筑制图的国家标准包括GB/T 50001—2010《房屋建筑制图统一标准》、GB/T 50104—2010《建筑制图标准》以及其他有关标准。

要绘制图1-1-1，需掌握国家标准中有关图纸幅面、比例、字体、图线、尺寸标注及绘图工具的使用，几何作图、平面图形的分析和制图步骤等知识。下面就相关知识进行具体学习。

相 关 知 识

1.1.1 制图的基本规格

1. 图纸幅面、图框和标题栏

对于标准代号，例如GB/T 50001—2010，其中"GB/T"为推荐性国家标准代号，一般简称"国标"，G、B、T分别表示"国""标""推"字汉语拼音的第一个字母。"50001"表示该标准的编号，"2010"表示该标准发布的年号。

1）图纸幅面。图纸幅面即为图纸大小，简称图幅。图样均应画在具有一定格式和幅面的图纸上，优先采用表1-1-1中规定的基本幅面，必要时可由基本幅面沿长边加长，图纸短边不得加长，加长幅面尺寸可参见国标有关规定。

2）图框。在图纸上必须用粗实线画出图框，图框的尺寸按表1-1-1确定，按图1-1-2所示的横式幅面或图1-1-3所示立式幅面绘制。

表 1-1-1 图纸基本幅面尺寸及图框尺寸

（单位：mm）

幅面代号	幅面尺寸 $b \times l$	留边宽度	
		a	c
A_0	841×1189		10
A_1	594×841		
A_2	420×594	25	
A_3	297×420		5
A_4	210×297		

3）标题栏。以短边为垂直边的幅面称为横式幅面，如图1-1-2所示，以短边为水平边的幅面称为立式幅面，如图1-1-3所示。图纸中应有标题栏、图框线、幅面线、装订边线和对中标志。图纸的标题栏及装订边的位置，应符合下列规定：

① 横式使用的图纸，应按图1-1-2a或图1-1-2b的形式进行布置。

② 立式使用的图纸，应按图1-1-3a或图1-1-3b的形式进行布置。

标题栏的格式和尺寸如图1-1-4和图1-1-5所示。在本课程制图作业中，标题栏采用如图1-1-6所示的简化格式，绘制在图框的右下角，学生制图作业中也无须绘制对中标志。标题栏中的文字方向为绘图和看图的方向。

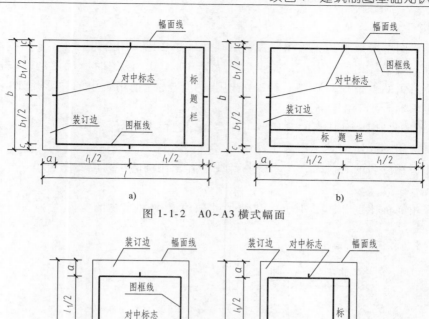

图 1-1-2　A0~A3 横式幅面

图 1-1-3　A0~A4 立式幅面

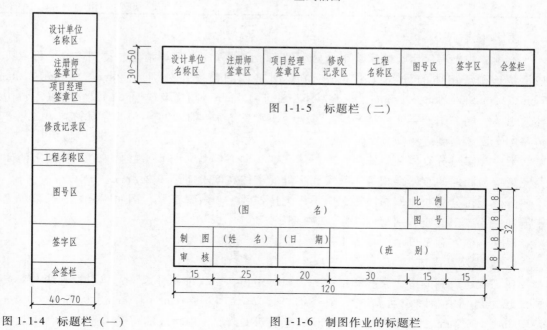

图 1-1-5　标题栏（二）

图 1-1-4　标题栏（一）

图 1-1-6　制图作业的标题栏

2. 比例

比例是指图中图形与其实物相应要素的线性尺寸之比，用符号"："表示，例如 1：2。比例的大小，是指其比值的大小，如 1：50 大于 1：100。绘图时所用比例，应根据图样的用途与被绘对象的复杂程度从表 1-1-2 中选用，并应优先选用表中的"常用比例"。必要时也允许从表 1-1-2"可用比例"中选取。

当整张图纸只用一种比例时，比例可注写在标题栏中比例一项中；如一张图纸中有几个图形并各自选用不同比例时，比例注写在图名的右侧。

比例注写在图名的右侧时，与字的基准线平齐，比例的字高应比图名小一号或二号，如图 1-1-7 所示。

不论采用何种比例，图形中所标注的尺寸数值必须是实物的实际大小，与图形的比例无关。

平面图 1:100   1:20

图 1-1-7　比例的注写

表 1-1-2　绘图所用的比例

种　类	定　义	常用比例			可用比例		
原值比例	比值为 1 的比例	1：1			—		
缩小比例	比值小于 1 的比例	1：2 1：20 1：100 1：500	1：5 1：30 1：150 1：1000	1：10 1：50 1：200 1：2000	1：3　1：4　1：6 1：15　1：25　1：40 1：60　1：80　1：250 1：300　1：400　1：600 1：5000　1：10000　1：20000 1：50000　1：100000　1：200000		

3. 字体

在图样中书写汉字、数字、字母必须做到：字体端正、笔画清楚、排列整齐、标点符号应清楚正确。字体的号数（用 h 表示），即字体的高度，分别为 20mm、14mm、10mm、7mm、5mm、3.5mm、2.5mm，汉字高不应小于 3.5mm。图样及说明里的汉字宜采用长仿宋体或黑体，同一图纸字体种类不应超过两种，其长仿宋字体宽度一般为字体高度的 2/3，黑体字的宽度和高度应相同。

数字和字母分直体和斜体两种。斜体字字头向右倾斜，与水平线成 75°。斜体字的高度与宽度应与相应的直体字相等。数字和字母的字体高度不应小于 2.5mm。

分数、百分数和比例的注写，应采用阿拉伯数字和数学符号，例如四分之三、百分之二十五和一比二十五应分别写成 3/4、25% 和 1：25。

汉字、数字和字母示例见表 1-1-3。

4. 图线及其画法

在工程建设制图中，实线和虚线分为粗、中粗、中、细四种规格，单点长画线及双点长画线分为粗、中、细三种规格。图线的宽度 b，宜从 1.4mm、1.0mm、0.7mm、0.5mm、0.35mm、0.25mm、0.18mm、0.13mm 线宽系列中选取，中粗线的宽度约为 $0.7b$，中线的宽

表 1-1-3　字体示例

字体		示　例
长仿宋体汉字	10 号	字体工整笔画清楚
	7 号	横平竖直 注意起落 结构均匀
	5 号	徒手绘图尺规绘图计算机绘图
	3.5 号	图样是工程技术人员表达设计意图和交流技术思想的语言和工具
黑体汉字	10 号	字体工整笔画清楚
	7 号	横平竖直 注意起落
拉丁字母	大写斜体	*ABCDEFGHIJKLMNOPQRSTUVWXYZ*
	小写斜体	*abcdefghijklmnopqrstuvwxyz*
阿拉伯数字	斜体	*0123456789*
	正体	0123456789
罗马数字	斜体	*I II III IV V VI VII VIII IX X*
	正体	I II III IV V VI VII VIII IX X
字体应用		2.100　　1:50　　R15

度约为 0.5*b*，细线的宽度约为 0.25*b*。每个图样，应根据复杂程度与比例大小，先选取粗线宽度 *b*，再确定其他线宽。图线的名称、线型、宽度以及一般应用，如图 1-1-8 所示并见表 1-1-4。

绘图时通常应遵守以下几点（图 1-1-9）：

1）在同一图样中，同类图线的宽度应一致。虚线、单点长画线或双点长画线的线段长度和间隔应各自相等。

2）两条平行线之间的距离应不小于其中的粗实线的宽度，其最小距离不得小于 0.7mm。

3）绘制圆的对称中心线时，圆心应为线段的交点。单点长画线与双点长画线的首末两端应是线段。

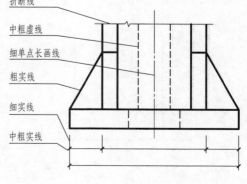

图 1-1-8　线型示例

表 1-1-4 线型及应用

名称		线型	线宽	在图样中的一般应用
实线	粗		b	主要可见轮廓线
	中粗		$0.7b$	可见轮廓线、尺寸起止符号
	中		$0.5b$	(1)可见轮廓线、变更云线 (2)尺寸线、尺寸界线、引出线
	细		$0.25b$	图例填充线、家具线
虚线	粗		b	见有关专业制图标准
	中粗		$0.7b$	不可见轮廓线
	中		$0.5b$	(1)不可见轮廓线 (2)图例线
	细		$0.25b$	图例填充线、家具线
单点长画线	粗		b	(1)吊车轨道线 (2)结构图中的支撑线 (3)平面图中梁的中心线
	中		$0.5b$	土方填挖区的零点线
	细		$0.25b$	中心线、对称线、定位轴线
双点长画线	粗		b	预应力钢筋线
	中		$0.5b$	见有关专业制图标准
	细		$0.25b$	假想轮廓线、成型前原始轮廓线
波浪线	细		$0.25b$	(1)断裂处的边界线 (2)投影图与剖面图的分界线
折断线	细		$0.25b$	(1)断裂处的边界线 (2)投影图与剖面图的分界线

4）在较小的图形上绘制单点长画线、双点长画线有困难时，可用实线代替。

5）轴线、对称中心线、双折线和作为中断线的双点长画线，应超出轮廓线 2~5mm。

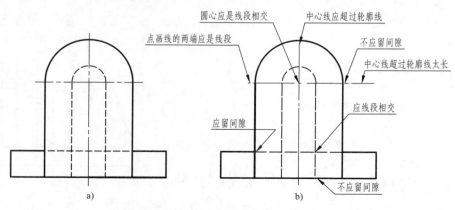

图 1-1-9 图线的画法
a）正确 b）错误

6）当虚线处于粗实线延长线上时，粗实线应画到分界点，而虚线应留有间隔。单点长画线、双点长画线、虚线和其他图线相交时，都应在线段处相交。

7）A0、A1幅面的图纸，图框线、标题栏外框线、标题栏分格线的宽度分别为 b、$0.5b$、$0.25b$；A2、A3、A4幅面的图纸，图框线、标题栏外框线、标题栏分格线的宽度分别为 b、$0.7b$、$0.35b$。

5. 尺寸标注

图样除画出建筑物的形状外，还必须正确、完整、清晰地标注尺寸。下面介绍国标"尺寸注法"中的一些基本内容，有些内容将在后面的有关章节中讲述，其他有关内容可查阅国标。

（1）基本规则

1）建筑物的真实大小应以图样上所注的尺寸数值为依据，与图形的大小及绘图的准确度无关。

2）图样中的尺寸，除标高及总平面图以米（m）为单位外，其余一律以毫米（mm）为单位，图上尺寸数字都不再标注单位符号（或名称）。

（2）尺寸组成

一个完整的尺寸一般应包括尺寸界线、尺寸线、尺寸起止符号及尺寸数字，如图1-1-10所示。

1）尺寸界线。尺寸界线用中实线绘制，并应由图形的轮廓线、轴线或对称中心线处引出。也可利用轮廓线、轴线或对称中心线做尺寸界线。尺寸界线一般应与尺寸线垂直，其一端应离开图样轮廓线不小于2mm，另一端宜超出尺寸线2~3mm。

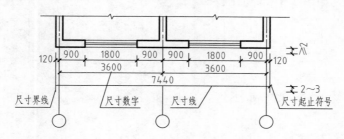

图 1-1-10　尺寸组成

2）尺寸线。尺寸线用中实线绘制。尺寸线不能用其他图线代替，一般也不得与其他图线重合或画在其延长线上。标注线性尺寸时，尺寸线应与所标注的线段平行。

3）尺寸起止符号。尺寸起止符号一般用中粗斜短线绘制，其倾斜方向应与尺寸界线成顺时针45°，长度宜为2~3mm。圆的直径、圆弧半径、角度与弧长的尺寸起止符号，宜画成箭头，如图1-1-11所示。

4）尺寸数字。线性尺寸数字的方向以标题栏文字方向为准。当尺寸线水平时，一般尺寸数字写在尺寸线的上方，字头朝上；当尺寸线铅垂时，尺寸数字写在尺寸线的左方，字头朝左；当尺寸线倾斜

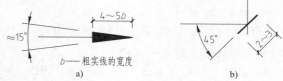

图 1-1-11　箭头及斜线的画法
a）箭头的画法　b）起止符号的画法

时，尺寸数字写在尺寸线上方，如图 1-1-12a 所示。尽量避免在 30°斜线区内注写尺寸。若尺寸数字在 30°斜线区内，宜按从左方读数的方向来注写尺寸数字，如图 1-1-12a 所示 30°斜线区内的尺寸。也可按图 1-1-12b 所示的形式注写。

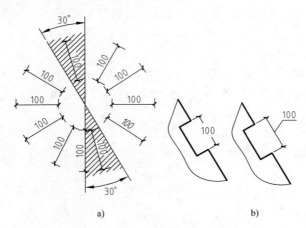

图 1-1-12　尺寸数字的注写方向

为保证图上的尺寸数字清晰，任何图线不得穿过尺寸数字，不可避免时，应将图线断开，如图 1-1-12a 所示 30°斜线区内的数字 "100"。

尺寸数字一般应依据其方向注写在靠近尺寸线的上方中部。如没有足够的注写位置，最外边的尺寸数字可注写在尺寸界线的外侧，中间相邻的尺寸数字可错开注写，或利用引出线将数字引出后标注，如图 1-1-13 所示。

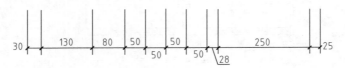

图 1-1-13　尺寸数字的注写位置

（3）尺寸的排列与布置

1）尺寸宜注写在图样轮廓线以外，不宜与图线、文字及符号相交。必要时，也可标注在图样轮廓线以内。

2）互相平行的尺寸线，应从被注写的图样轮廓线由里向外整齐排列，小尺寸在里面，大尺寸在外面。排在最里面的小尺寸的尺寸线距图样轮廓线距离不小于 10mm，其余平行排列的尺寸线的间距宜为 7~10mm，以便注写数字。平行排列的尺寸线间距应保持一致。

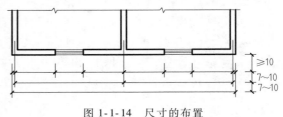

图 1-1-14　尺寸的布置

3）总尺寸的尺寸界线，应靠近所指部位，中间的分尺寸的尺寸界线可稍短，但其长度应相等，如图 1-1-14 所示。

表 1-1-5 中列举了标注尺寸时应注意的一些问题。

（4）尺寸标注的其他规定

尺寸标注的其他规定，见表 1-1-6。尺寸标注的简化标注，见表 1-1-7。

表 1-1-5　标注尺寸时应注意的一些问题

说　明	正　确	错　误
同一张图样内的尺寸数字字体应大小一样	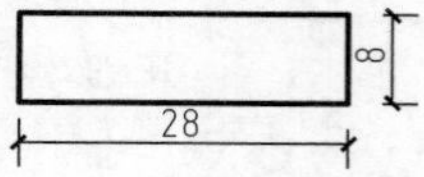 28　8	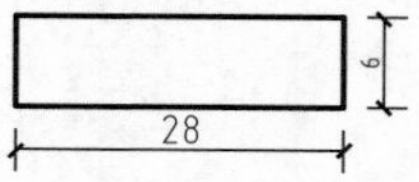 28　6
两尺寸界线之间比较窄时，尺寸数字可注在尺寸界线外侧，或上下错开，或用引出线引出再标注	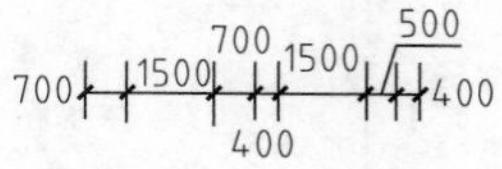 700　1500　700　1500　500　400　400	 700　1500　700　1500　500
尺寸数字应写在尺寸线中间，在水平尺寸线上的，应从左到右写在尺寸线上方；在铅垂尺寸线上的，应从下到上写在尺寸线左方	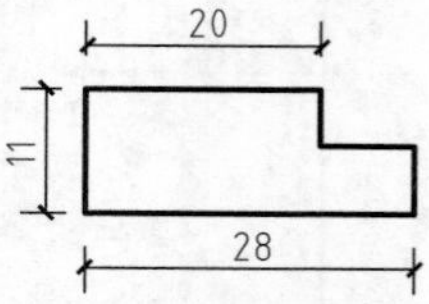 20　11　28	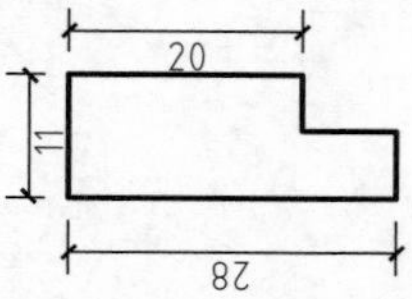 20　11　28
尺寸排列时，大尺寸应排在外，小尺寸排在内	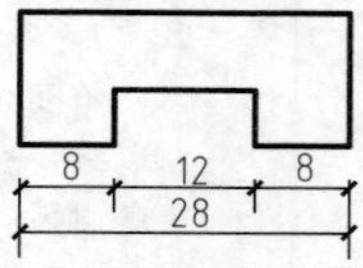 8　12　8　28	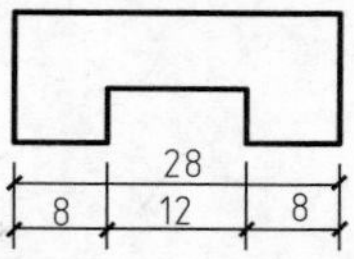 28　8　12　8
不能用尺寸界线作为尺寸线	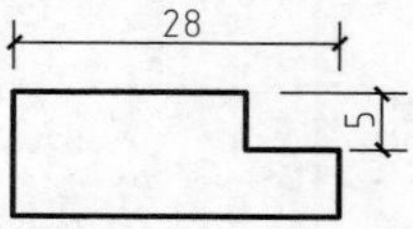 28　5	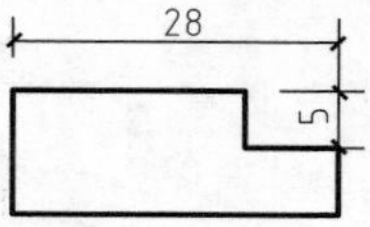 28　5
尺寸线必须单独绘制，而不能用其他图线代替。轮廓线、中心线或其延长线不可作尺寸线使用。尺寸线要与轮廓线平行	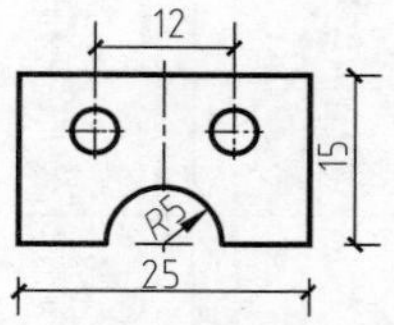 12　15　R8　25	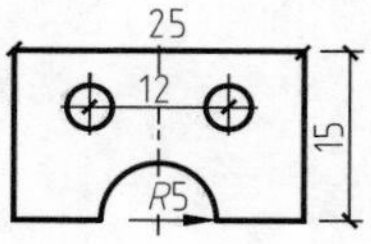 25　12　15　R5
在断面图中的尺寸数字处，应留空不画材料图例符号	 28	 28

表 1-1-6　尺寸标注的其他规定

项目	示　例	说　明
直径	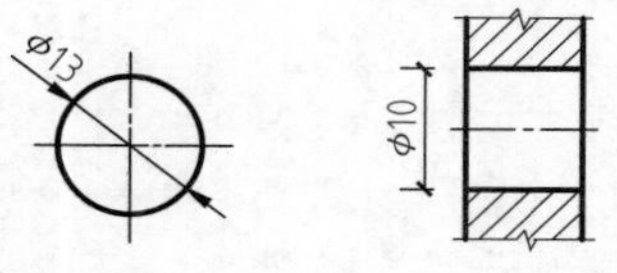 ⌀13　⌀10	对于圆及大于半圆的圆弧，在标注尺寸时，应在尺寸数字前加注符号"⌀"
半径	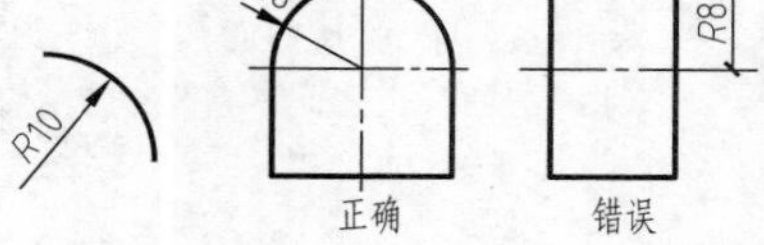 R10　R8　R8　正确　错误	对于半圆及小于半圆的圆弧，在标注尺寸时，应在尺寸数字前加注符号"R"，且尺寸线或尺寸线的延长线应通过圆心

（续）

项目	示　例	说　明
半径	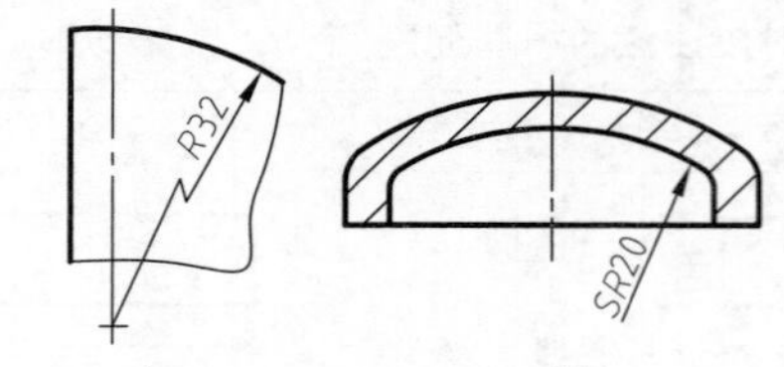 a)　　　　　b)	当圆弧的半径过大或在图纸范围内无法标出圆心位置时,可按图 a 的形式标注。若不需要标注圆心位置时,可按图 b 的形式标注
狭小部位	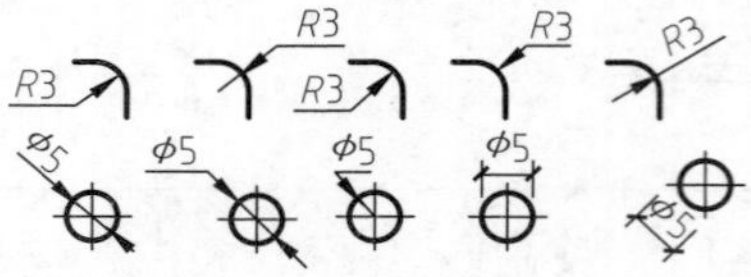 R3　　R3　R3　　R3　　R3 φ5　φ5　φ5　φ5	标注半径时,其尺寸线或尺寸线的延长线必须通过圆心
球面	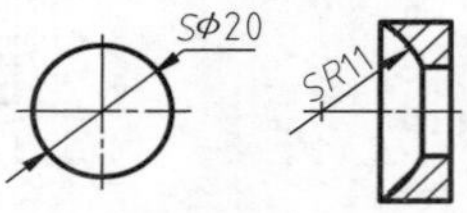 SΦ20　　SR11	标注球面的直径或半径时,应在符号"φ"或"R"前再加注符号"S"
角度	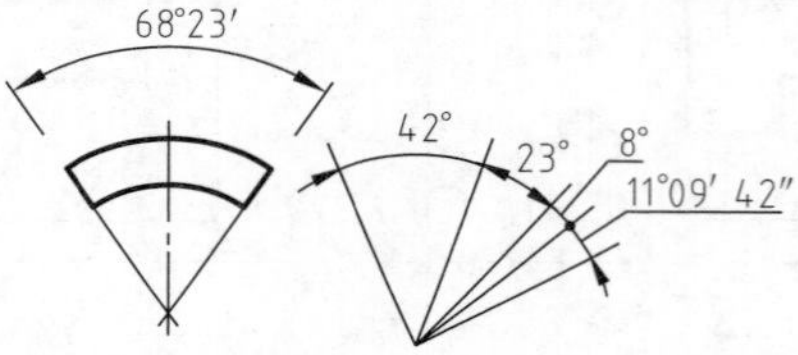 68°23′　42°　23°　8°　11°09′42″	角度数字一律写成水平方向,字头朝上。尺寸线应以圆弧表示,该圆弧的圆心应是该角的顶点。角的两条边为尺寸界线。起止符号应以箭头表示,若没有足够位置画箭头,可用圆点代替
弧长与弦长	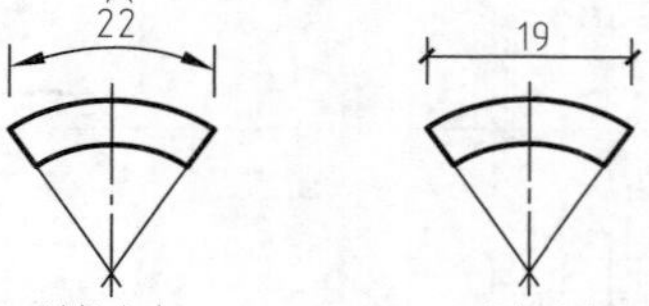 22　　　　19 弧长注法　　弦长注法	弧长及弦长的尺寸标注如图所示 标注弧长时,应在尺寸数字上方加注符号"⌒" 弧长及弦长的尺寸界线应平行于该弦的垂直平分线
薄板厚度	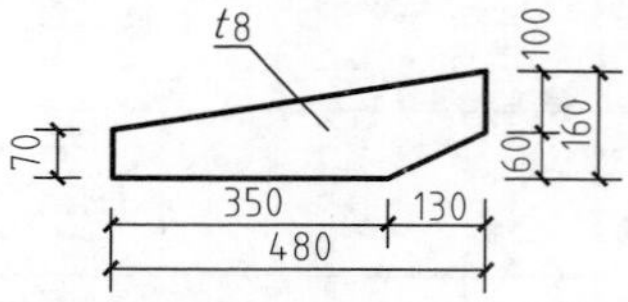 t8 70　　　　　100　160 350　130 480	当形体为薄板时,可在厚度尺寸数字前加厚度符号"t"
正方形	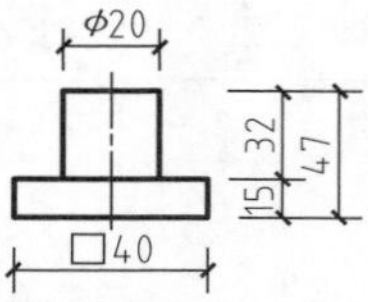 Φ20 15　32　47 □40	形体为正方形时,可在边长尺寸数字前加注符号"□",或用"边长×边长"代替"□边长"
坡度	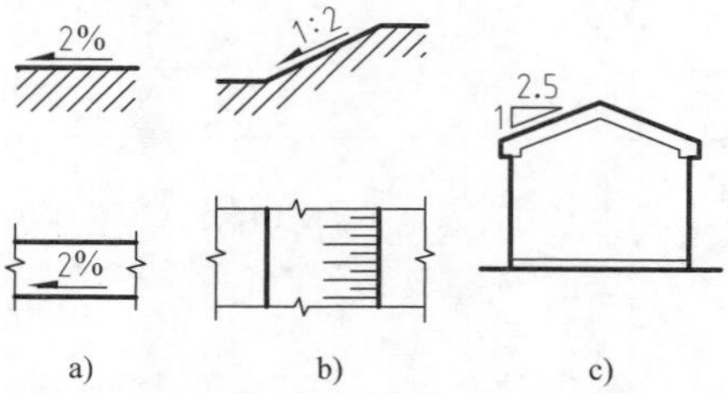 2%　　1:2　　2.5 2% a)　　b)　　c)	标注坡度时,应加注坡度符号"◄——",该符号为单面箭头,箭头应指向下坡方向 　　坡度也可用直角三角形形式标注,如图 c 所示 　　如图 b 所示,在坡面高的一侧水平边上所画的垂直于水平边的长短相间的等距细实线称为示坡线,也可用它来表示坡面

表 1-1-7　尺寸标注的简化注法

项目	简化注法	说　明
单线图尺寸	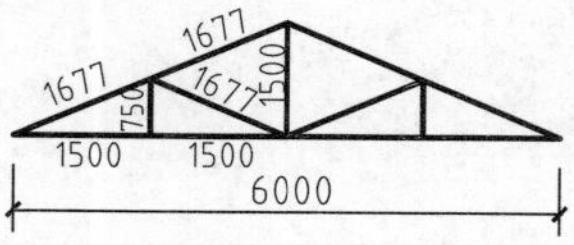	杆件或管线的长度,在单线图(桁架简图、钢筋简图、管线简图)上,可直接将尺寸数字沿杆件或管线的一侧注写
等长尺寸		连续排列的等长尺寸,可用"等长尺寸×个数＝总长"的形式标注
		连续排列的等长尺寸,也可用"等分×个数＝总长"的形式标注
相同要素尺寸	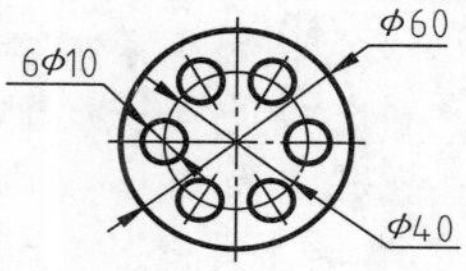	构配件内的构造因素(如孔、槽等)如相同,可仅标注其中一个要素的尺寸
对称构件尺寸	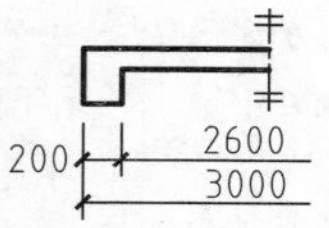	对称构配件采用对称省略画法时,该对称构配件的尺寸线应略超过对称符号,仅在尺寸线的一端画尺寸起止符号,尺寸数字应按整体全尺寸注写,其注写位置宜与对称符号对齐
相似构件尺寸	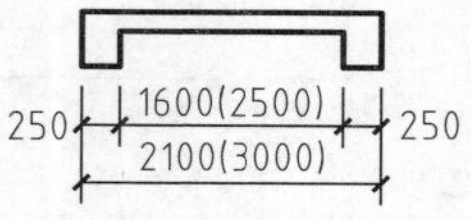	两个构配件,如个别尺寸数字不同,可在同一图样中将其中一个构配件的不同尺寸数字注写在括号内,该构配件的名称也应注写在相应的括号内
相似构配件尺寸表格式标注	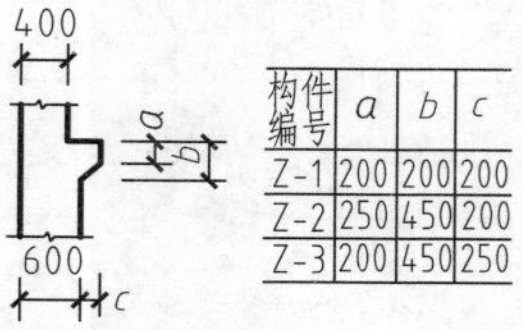	数个构配件,如仅某些尺寸不同,这些有变化的尺寸数字,可用拉丁字母注写在同一图样中,另列表格写明其具体尺寸

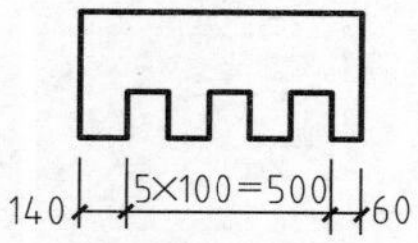

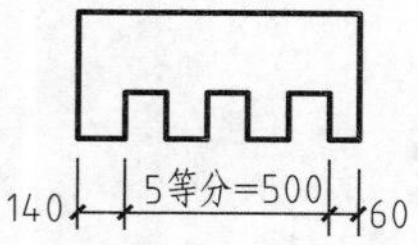

6. 常用建筑材料图例

　　建筑物或建筑构配件被剖切时,通常在图样中的断面轮廓线内画出建筑材料图例,表 1-1-8中列出了部分常用建筑材料图例。国标只规定了常用建筑材料图例的画法,对其尺度比例不作具体规定,绘图时可根据图样大小而定。

表 1-1-8　常用建筑材料图例

材料名称	图　例	备　注
自然土壤		包括各种自然土壤
夯实土壤		

（续）

材料名称	图　例	备　注
砂、灰土	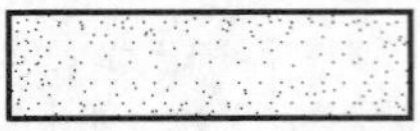	靠近轮廓线绘较密的点
砂砾石、碎砖三合土	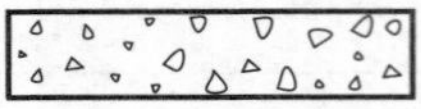	
石材		
毛石		
普通砖		包括实心砖、多孔砖、砌块等砌体。断面较窄不易绘出图例线时，可涂红
混凝土	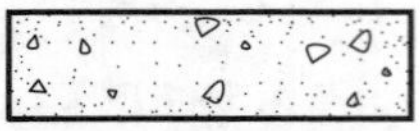	1. 本图例指能承重的混凝土及钢筋混凝土 2. 包括各种强度等级、骨料、添加剂的混凝土
钢筋混凝土		3. 在剖面图上画出钢筋时，不画图例线 4. 断面图形小，不易画出图例线时，可涂黑
多孔材料		包括水泥珍珠岩、沥青珍珠岩、泡沫混凝土、非承重加气混凝土、软木、蛭石制品等
木材	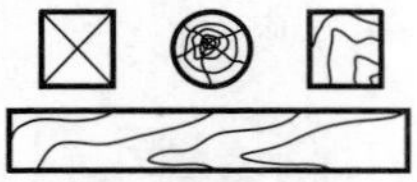	1. 上图为横断面，左上图为垫土、木砖或木龙骨 2. 下图为纵断面
金属	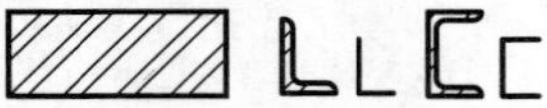	1. 包括各种金属 2. 图形小时，可涂黑
空心砖		指非承重砖砌体
饰面砖	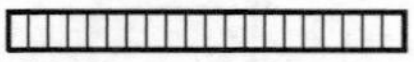	包括铺地砖、马赛克、陶瓷锦砖、人造大理石等
耐火砖		包括耐酸砖等砌体
焦渣、矿渣	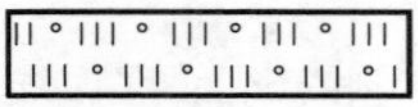	包括与水泥、石灰等混合而成的材料
泡沫塑料材料	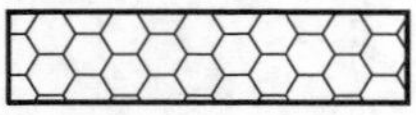	包括聚苯乙烯、聚乙烯、聚氨酯等多孔聚合物类材料
石膏板	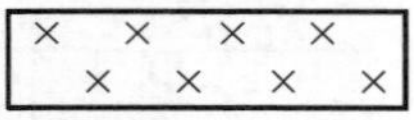	包括圆孔、方孔石膏板、防水石膏板、硅钙板、防火板等
胶合板		应注明为×层胶合板
防水材料		构造层次多或比例大时，采用上图例

1.1.2　尺规绘图的工具及其使用

绘制图样有两种方法：手工绘图和计算机绘图。本书只介绍手工绘图方法。正确使用手工绘图工具和仪器是保证手工绘图质量和加快绘图速度的一个重要方面。常用的手工绘图工具和仪器有图板、丁字尺、三角板、圆规、分规、比例尺、曲线板、铅笔等。现将常用的手工绘图工具和仪器的使用方法简介如下。

1. 图板、丁字尺和三角板

图板是画图时铺放图纸的垫板。图板的左边是导向边。

丁字尺是画水平线的长尺。画图时，应使尺头紧靠图板左侧的导向边。水平线必须自左向右画，如图 1-1-15a 所示。

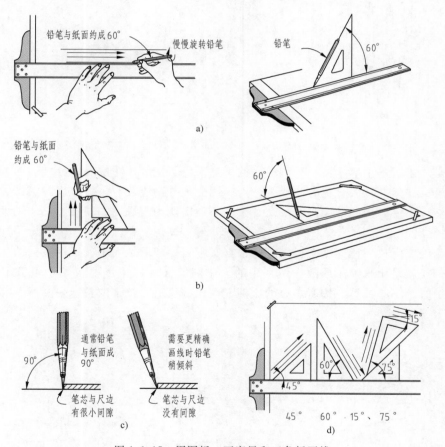

图 1-1-15　用图板、丁字尺和三角板画线

a）自左向右画水平线　b）自下而上画铅垂线　c）画线时铅笔的位置　d）画 15°倍角的倾斜线

三角板除直接用来画直线外，也可配合丁字尺画铅垂线，三角板的直角边紧靠着丁字尺，自下而上画线，如图 1-1-15b 所示。画线时铅笔笔芯与尺子的位置，如图 1-1-15c 所示。三角板还可配合丁字尺画与水平线成 15°倍角的斜线，如图 1-1-15d 所示。

使用铅笔绘图时，用力要均匀，用力过大会刮破图纸或在图纸上留下无法擦除的凹痕，甚至折断铅芯。画长线时要一边画一边旋转铅笔，使线条保持粗细一致。画线时，从侧面看笔身要垂直纸面，从正面看，笔身要与纸面成约 60°，如图 1-1-15a、b 所示。

2. 圆规和分规

圆规是画圆及圆弧的工具，也可当作分规来量取长度和等分线段。圆规种类有：大圆规、弹簧圆规、点圆规。使用圆规时应使圆规的针尖略长于铅芯，如图 1-1-16a 所示。画大圆时，圆规的针脚和铅芯均应保持与纸面垂直，如图 1-1-16b 所示。

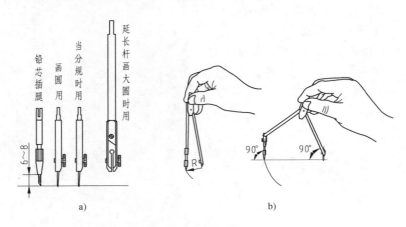

图 1-1-16 圆规的用法

a）铅芯和针脚高低的调整及延长杆 b）画圆时，针脚和铅芯角都应垂直纸面

分规是用来正确量取线段和分割线段的工具。为了量度尺寸准确，分规的两个针尖应调整得一样长，并使两针尖合拢时能成为一点。用分规分割线段时，将分规的两针尖调整到所需距离，然后，使分规两针尖沿线段交替做圆心顺序摆动行进，如图 1-1-17 所示。

3. 比例尺

建筑物的实际尺寸比图纸大得多。应根据实际需要和图纸大小，选用适当的比例将图形缩小。比例尺就是用来缩小或放大图形用的。比例尺（或三棱尺）仅用于量取不同比例的尺寸。绘图时，不必计算，按所需要的比例，在比例尺上直接量取长度来画图。其使用方法如图 1-1-18 所示。

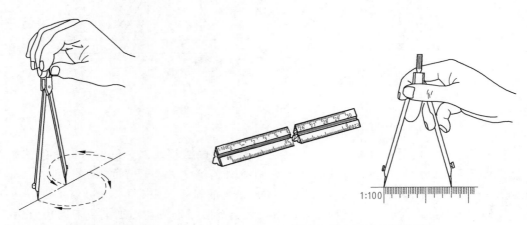

图 1-1-17 用分规等分线段　　　　　　　　图 1-1-18 比例尺及其用法

4. 曲线板

曲线板用来描绘各种非圆曲线。用曲线板描绘曲线时，首先要把找出的各点徒手轻轻地勾描出来，然后根据曲线的曲率变化，选择曲线板上合适部分（至少吻合 3~4 点），如图1-1-19所示，前一段重复前次所描，中间一段是本次描，后一段留待下次描。以此类推。

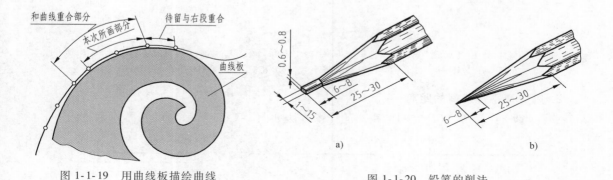

图 1-1-19　用曲线板描绘曲线　　　　　　　图 1-1-20　铅笔的削法

5. 铅笔

铅笔有木质铅笔和活动铅笔两种。铅笔铅芯有软硬之分，"B"表示软铅，标号有 B、2B、……6B，数字越大表示铅芯越软。"H"表示硬铅，标号有 H、2H、……6H，数字越大表示铅芯越硬。"HB"表示中软铅。画细线用 H 或 HB 铅笔（或铅芯），一般削（磨）成锥形，如图 1-1-20b 所示。画粗实线用 B 或 2B 铅笔（或铅芯），一般削（磨）成扁形，如图 1-1-20a 所示。加深圆弧时用的铅芯一般要比画粗实线的铅芯软一些。图1-1-21为各种绘图铅笔。

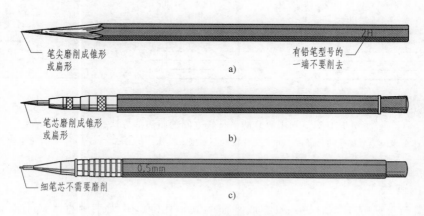

图 1-1-21　各种绘图铅笔

a）普通铅笔　b）粗笔芯的自动铅笔　c）细笔芯的自动铅笔

1.1.3　几何作图

1. 等分直线段

将 AB 直线段 n 等份，作图方法如图 1-1-22 所示。

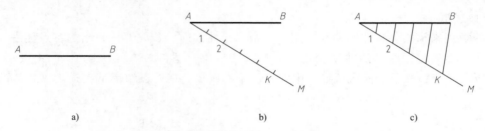

图 1-1-22　等分线段为 n 等份

a) 已知直线段 AB　b) 过 A 点做辅助线 AM，以适当长为单位，在 AM 上量取 n 等份，得 1，2，…，K 点
c) 连接 KB，过 1，2，…作 KB 的平行线与 AB 相交，即可将 AB 分为 n 等份

2. 等分两平行线间的距离

等分两平行线 AB、CD 之间的距离的作图方法如图 1-1-23 所示（以五等分为例）。

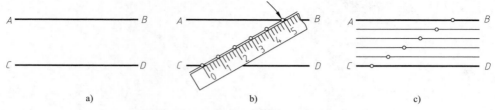

图 1-1-23　等分两平行线之间的距离

a) 已知平行线 AB、CD　b) 置直尺 0 点于 CD 上，转动尺身，使刻度 5 落在 AB 上，
截得 1、2、3、4 各等分点　c) 过各分等点分别作已知直线 AB 的平行线，即得所求

等分两平行线之间的距离的作图方法，常用于画台级或楼梯。画图时先按台级或楼梯的级数等分该梯段的总高度，画出每级高度。若踏面总宽度为 EF，则可作 E_1F_1，从 E_1F_1 与各水平线的交点作垂线，即得各踏步级，如图 1-1-24 所示。

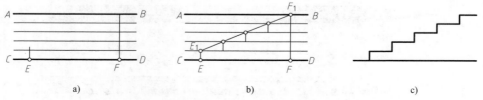

图 1-1-24　利用等分两平行线之间的距离的方法作踏步

a) 按踏步级等分梯段的总高度，并确定梯段的总宽度 EF　b) 作 E_1F_1，从 E_1F_1 与各水平线的
交点作垂线，即得各踏步级　c) 清理图面，加深图线

3. 坡度的画法

坡度是指一直线或平面对另一直线或平面的倾斜程度，其大小用直线或平面间夹角的正切来表示。在图样中以 1∶n 的形式标注。图 1-1-25 所示为坡度 1∶n 的作图方法及标注。

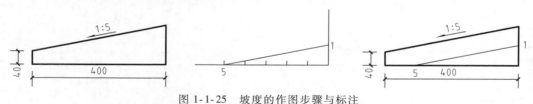

图 1-1-25　坡度的作图步骤与标注

标注坡度时，包括坡比和坡向，坡向为单边箭头"←"箭头应指向下坡方向。标注坡度的图例详细可参阅表1-1-6中的"坡度"。

4. 正多边形的画法

由于正多边形的边数不同，其画法各异。等边三角形、正方形很容易用两个三角板与丁字尺配合来画出，这里从略。下面只介绍正五边形、正六边形的画法及一般正n边形的近似画法。

（1）正六边形

正六边形的作法如图1-1-26所示。

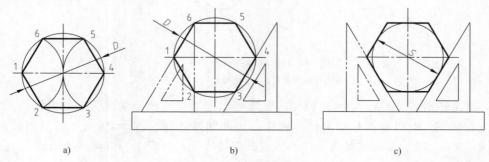

图1-1-26　正六边形的作法

a）已知对角线长度D，作正六边形方法一　b）已知对角线长度D，作正六边形方法二
c）已知对边距离S作正六边形

正六边形的画法有内接和外切正六边形两种。内接正六边形，即已知对角线长度D画正六边形，如图1-1-26a、b所示。图1-1-26a是直接六等分圆周所得；图1-1-26图b则是利用三角板与丁字尺配合，作出正六边形。外切正六边形是在已知对边距离S时作正六边形，如图1-1-26c所示。

（2）正五边形

正五边形的画法如图1-1-27所示。

5. 圆弧连接

建筑工程图中也常用到圆弧连接。圆弧连接，是用已知半径的圆弧光滑地连接两已知直线或圆弧。这种起连接作用的圆弧称为连接弧。作图时要达到光滑连接，就必须准确地求出连接圆弧的圆心及连接点（切点）的位置。

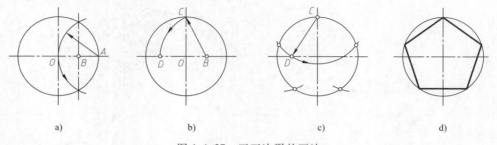

图1-1-27　正五边形的画法

a）作半径的中点B　b）以B为圆心，BC为半径画弧得D点　c）CD即为五边形
边长，等分圆周得五个顶点　d）连接五个顶点即为正五边形

（1）圆弧连接的基本几何原理

1) 与已知直线相切的连接圆弧的圆心轨迹是一条直线，该直线与已知直线平行，且距离为圆弧半径 R。垂足即切点，通过圆弧圆心作已知直线的垂线求得，如图 1-1-28a 所示。

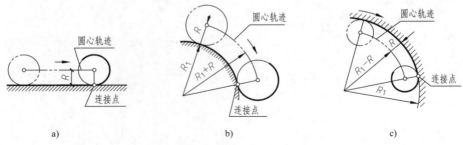

图 1-1-28　圆弧连接的基本轨迹

a) 直线与圆弧相切　b) 两圆外切　c) 两圆内切

2) 与已知圆弧（半径为 R_1）相切的圆弧（半径为 R）圆心轨迹为已知圆弧的同心圆。该同心圆的半径 R_x 要根据相切的情形而定：当两圆弧外切时 $R_x = R_1 + R$，当两圆弧内切时 $R_x = |R_1 - R|$。其切点必在两圆弧连心线或其延长线上，如图 1-1-28b、c 所示。

(2) 圆弧连接的作图举例

表 1-1-9 列举了典型圆弧连接的作图方法和步骤。

表 1-1-9　常见的圆弧连接作图

连接要求	作图方法和步骤		
	求圆心 O	求切点 K_1、K_2	画连接圆弧
连接相交的两直线			
连接一直线和一圆弧			
外切两圆弧			

（续）

连接要求	作图方法和步骤		
	求圆心 O	求切点 K_1、K_2	画连接圆弧
外切圆弧和内切圆弧			
	求切点 K_1、K_2	求圆心 O	画连接圆弧
连接垂直相交的两直线			

1.1.4 平面图形的分析和画图步骤

要确定画图步骤及正确画出平面图形，必须对平面图形进行尺寸分析和线段分析。

1. 平面图形的尺寸分析

平面图形中的尺寸按其作用，可分为定形尺寸和定位尺寸。

（1）定形尺寸

确定平面图形中形状大小的尺寸称为定形尺寸，如图 1-1-29 中的 10、60、$R13$、$R27$、$R18$、$R3$ 及 $R11$。

（2）定位尺寸

确定平面图形中相互位置关系的尺寸称为定位尺寸，如图 1-1-29 中尺寸 18（42）、20 是 $R11$ 圆心的定位尺寸；5、2 是 $R27$ 圆心的定位尺寸。

2. 平面图形的线段分析

平面图形中的线段，根据所标注的尺寸，可分为已知线段、中间线段和连接线段三类。

（1）已知线段

图样中的已知线段应首先画出。根据所给尺寸能直接画出的线段（圆弧或直线）称

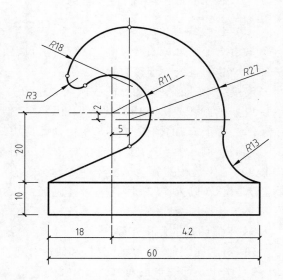

图 1-1-29 平面图形的尺寸分析和线段分析

为已知线段。给出了圆弧半径（或直径）以及圆心两个方向的定位尺寸的圆弧即为已知圆弧，如图 1-1-30 中的 $R11$、$R27$，应首先画出。

（2）中间线段

中间线段必须根据与相邻已知线段相切关系才能完全确定其位置，其作图要比已知线段稍后一步。给出圆弧半径（或直径）以及圆心一个方向的定位尺寸的圆弧为中间圆弧，如图 1-1-29 中的 $R18$。$R18$ 圆弧的圆心有两个已知条件：一个条件为圆心落在该尺寸线所指的中心线上，即为中间弧，另一个条件是与 $R27$ 内切求出。其圆心的求法为：以 $R27$ 的圆心为圆心，以 $R(27-18)$ 为半径画弧，交中心线于一点即为圆心，如图 1-1-31 所示。

过一已知点或已知直线方向，且与定圆（或定圆弧）相切的直线为中间直线，如图 1-1-31 中从矩形左上端点出发且与 $R11$ 相切的线段。

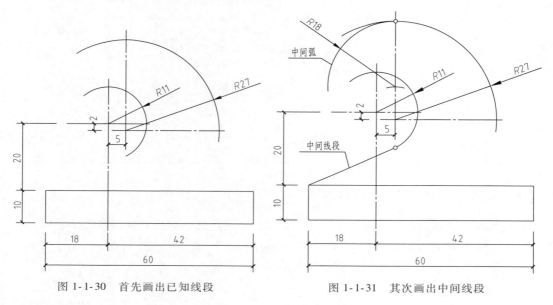

图 1-1-30　首先画出已知线段　　　　　图 1-1-31　其次画出中间线段

（3）连接线段

只给出半径（或直径）的圆弧为连接圆弧。两端都与定圆弧（或定圆）相切而不必标注任何尺寸的直线为连接直线。

连接线段只能根据相邻两线段与之相切关系才能确定其位置，因而只能最后画出，如图 1-1-29 中的圆弧 $R3$、$R13$，其画法如图 1-1-32 所示。其中连接圆弧 $R3$ 的圆心求解需利用两个条件：由于 $R3$ 的圆弧与 $R18$ 相内切，所以一个条件是以 $R18$ 的圆心为圆心，以 $R(18-3)$ 为半径画弧；由于 $R3$ 的圆弧与 $R11$ 相外切，另一条件是以 $R11$ 的圆心为圆心，以 $R(11+3)$ 为半径画弧，两弧交于一点即为圆心。另外一连接圆弧 $R13$ 的圆心求法：以 $R27$ 的圆心为圆心，以 $R(27+13)$ 为半径画弧；以矩形框右上角点为圆心，以 $R13$ 为半径画弧，两弧交于一点即为圆心。

3. 平面图形的画图步骤

1）对平面图形进行尺寸分析和线段分析。

2）画出平面图形的对称线、中心线。

3）首先画出全部的已知线段，如图 1-1-30 所示；然后再画中间线段，如图 1-1-31 所

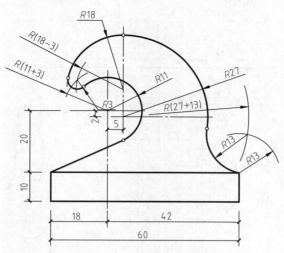

图 1-1-32   最后求作连接线段

示；最后画出连接线段，如图 1-1-32 所示。

4）加深图线和标注尺寸，完成全图，如图 1-1-29 所示。

任 务 实 施

1. 绘图前的准备工作

1）将铅笔和铅芯修磨好，并将图板、丁字尺、三角板等绘图工具擦拭干净，在丁字尺及三角板的活动范围内不应放置其他工具。

2）按绘制图形的大小及复杂程度选择绘图比例和图纸幅面。图 1-1-1 适合用一张 A3 的图纸横放，按 1∶1 绘制。

3）固定图纸。一般按对角线方向顺次固定，使图纸平整。当图纸较小时，应将图纸布置在图板的左下方，但要使图板的底边与图纸下边的距离及图板的左边与图纸左边的距离大于或等于丁字尺的宽度。

2. 布局图样

图纸固定好后，先根据图纸的大小及摆放位置画图框及标题栏，然后根据所绘图形的尺寸将所绘图样均匀地布局在图纸中。一个尺寸间距大约按 10mm 计算，图 1-1-1 中起重钩左侧尺寸间距不能准确确定，只能估算，布局好的一张图样左右和上下间距大致相同。图 1-1-1 布局如图 1-1-33 所示。

3. 画底稿

布局完成后，开始画底稿。画底稿一般用 H 或 2H 的铅笔。底稿上，各种线型均暂不分粗细，底稿线应尽量细、轻、准。画图形时，先画轴线或对称中心线，再画主要轮廓线，然后画细部。图 1-1-1 中，起重钩的画底稿步骤如图 1-1-34 所示。

4. 加深图线

在加深前，应仔细校核图形是否有画错、漏画的图线，并及时修正错误，擦去多余图线。

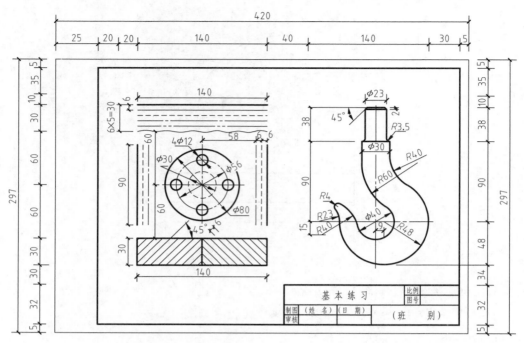

图 1-1-33　布局图样

　　加深时，应该做到线型正确、粗细分明，均匀光滑，深浅一致，图面整洁。

　　加深粗实线用 B 或 2B 铅笔；加深线宽为 $d/2$ 的各类图线，都用削尖的 H 或 2H 铅笔；写字和画箭头用 HB 铅笔；圆规的铅芯应比画直线的铅芯软一级。加深时尽可能将同一类

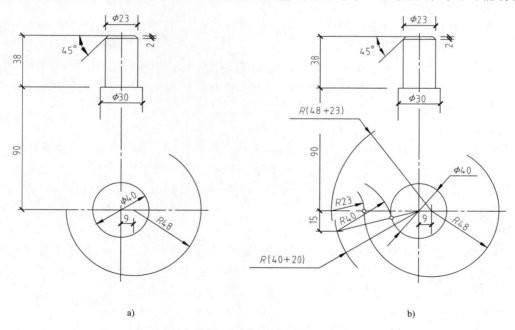

a)　　　　　　　　　　　　　　　　　b)

图 1-1-34　起重钩的画法

a）先画出已知线段　　b）R40、R23 中间弧圆心及一个切点的画法

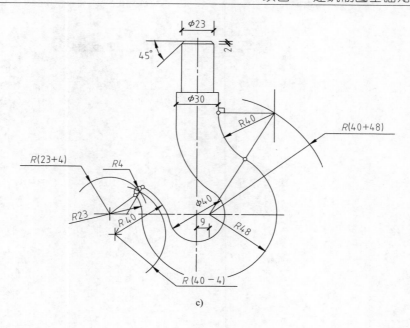

c)

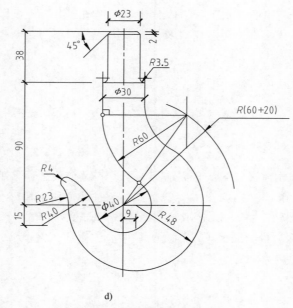

d)

图 1-1-34　起重钩的画法（续）

c）*R*4、*R*40 连接弧圆心、切点画法　　d）*R*60、*R*3.5 连接弧圆心、切点画法

型、同样粗细的图线一起加深。先加深圆和圆弧，再加深直线。从图的上方开始按顺序向下加深水平线，自左至右加深垂直线，最后加深其余的图线。

5. 画箭头、注尺寸

先画尺寸界线、尺寸线、箭头，再填写尺寸数字。

6. 全面检查，填写标题栏和其他必要的说明，完成图样并取图。

任务2 识读与绘制形体的三面投影图

如何根据图 1-2-1 绘制形体的三面投影图？

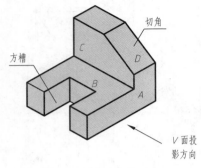

图 1-2-1 立体图

图 1-2-1 是一个简单的建筑工程形体，建筑工程图常采用正投影的方法进行投影，并利用三等关系获得三面投影图，再利用线及面的投影特性分析与判断投影图的正确性。下面我们就相关知识进行具体学习。

相 关 知 识

1.2.1 投影方法概述

大家知道，空间物体在灯光或日光的照射下，在墙壁或地面上就会出现物体的影子。投影法与这种自然现象相类似。如图 1-2-2 所示，有平面 P 和不在该平面上的一点 S，需作出点 A 在平面 P 上的图像。将 S、A 连成直线，作出 SA 与平面 P 的交点 a，即为点 A 在平面 P 上的图像。平面 P 称为投影面，点 S 称为投射中心，直线 SA 称为投射线，点 a 称为点 A 的投影。这种产生图像的方法称为投影法。

1. 投影法的分类

投影法分为两类：中心投影法和平行投影法。

（1）中心投影法

如图 1-2-2 所示，由投影中心 S 作出了 △ABC 在投影面 P 上的投影：投射线 SA、SB、SC 分别与投影面交出点 A、B、C 的投影 a、b、c；直线 ab、bc、ca 分别是直线 AB、BC、CA 的投影；△abc 就是 △ABC 的投影。这种投射线都从投射中心出发的投影法，称为中心投影法，所得的投影称为中心投影。中心投影也称透视投影，常用于绘制透视图。

（2）平行投影法

如图 1-2-3 所示，投影线 Aa、Bb、Cc 按给定的投影方向互相平行，分别与投影面 P 交

出点 A、B、C 的投影 a、b、c，$\triangle abc$ 是 $\triangle ABC$ 在投影面 P 上的投影。这种投射线都互相平行的投影法，称为平行投影法，所得的投影称为平行投影。

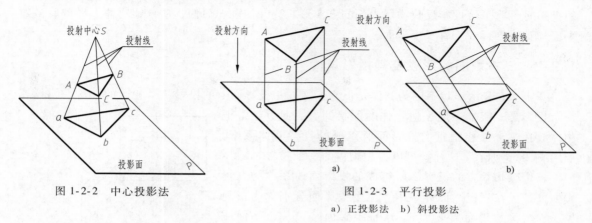

图 1-2-2　中心投影法　　　　　图 1-2-3　平行投影

a）正投影法　　b）斜投影法

平行投影法分为正投影法和斜投影法：图 1-2-3a 所示是投射方向垂直于投影面的正投影法，所得的投影称为正投影；图 1-2-3b 所示是投射方向倾斜于投影面的斜投影法，所得的投影称为斜投影。

工程图样主要采用正投影，今后在不注明的情况下，将提到的投影都默认为正投影。

2. 平面与直线的投影特点

正投影法中，平面与直线的投影有以下三个特点：

（1）实形性

如图 1-2-4a 所示，物体上与投影面平行的平面 P 的投影 p 反映其实形，与投影面平行的直线 AB 的投影 ab 反映其实长。

（2）积聚性

如图 1-2-4b 所示，物体上与投影面垂直的平面 Q 的投影 q 积聚为一直线，与投影面垂直的直线 CD 的投影 cd 积聚为一点。

（3）类似性

如图 1-2-4c 所示，物体上倾斜于投影面的平面 R 的投影 r 成为缩小的类似形，倾斜于投影面的直线 EF 的投影 ef 比实长短。

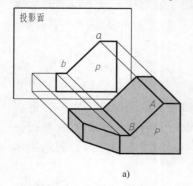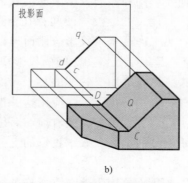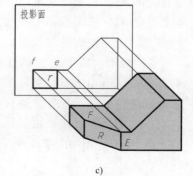

a）　　　　　　　　b）　　　　　　　　c）

图 1-2-4　平面与直线的投影特点

a）实形性　　b）积聚性　　c）类似性

物体的形状是由其表面的形状决定的，因此，绘制物体的投影，就是绘制物体表面的投影，也就是绘制表面上所有轮廓线的投影。从上述平面与直线的投影特点可以看出：画物体的投影时，为了使投影反映物体表面的真实形状，并使画图简便，应该让物体上尽可能多的平面和直线平行或垂直于投影面。

1.2.2 三投影图的形成及其投影规律

图 1-2-5 表示形状不同的物体，但它们在同一投影面上的投影却是相同的，这说明仅有一个投影是不能唯一地表达物体的形状的。因此，经常把物体放在三个互相垂直的投影面所组成的投影面体系中，如图 1-2-6a 所示，这样就可以得到物体的三个投影。

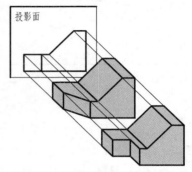

图 1-2-5　物体的单面投影

三个互相垂直的投影面所组成的投影面体系称为三投影体系。在三投影面体系中，三个投影面分别称为正立投影面（简称正面或 V 面）、水平投影面（简称水平面或 H 面）和侧立投影面（简称侧面或 W 面）。物体在这三个投影面上的投影分别称为正面投影、水平投影和侧面投影。这三个投影面分别两两相交于三条投影轴。V 面和 H 面的交线称为 OX 轴；H 面和 W 面的交线称为 OY 轴；V 面和 W 面的交线称为 OZ 轴；三轴线的交点称为原点 O。

为使三个投影图能画在一张图纸上，国家标准规定正面保持不动，水平投影面绕 OX 轴向下旋转 90°，把侧立投影面绕 OZ 轴向右旋转 90°，这时 OY 轴分为两条，一条随 H 面转到与 OZ 轴在同一铅垂线上，标注为 OY_H；另一条随 W 面转到与 OX 轴在同一水平线上，标注为 OY_W，如图 1-2-6b 所示。这样，就得到在同一平面上的三个投影图，如图 1-2-6c 所示。为了简化作图，在三个投影图中不画投影面的边框线，投影图的名称也不必标出，如图 1-2-6d 所示。在投影图中，规定物体的可见轮廓线画成实线，不可见的轮廓线画成虚线，如图 1-2-6d 的正面投影所示。

根据三个投影面的相对位置及其展开的规定，三个投影图的位置关系是：以正面投影为准，水平投影在正面投影的正下方，侧面投影在正面投影的正右方。如果把物体左右方向的尺寸称为长，前后方向的尺寸称为宽，上下方向的尺寸称为高，那么，正面投影图和水平投影图都反映了物体的长度，正面投影图和侧面投影图都反映了物体的高度，水平投影图和侧面投影图都反映了物体的宽度。因此，三个投影图间存在下述关系：正面投影与水平投影：长对正。正面投影与侧面投影：高平齐。水平投影与侧面投影：宽相等。

"长对正、高平齐、宽相等"是三个投影图之间的投影规律，此规律简称为"三等"关系，它不仅适用于整个物体的投影，也适用于物体的每个局部的投影。例如，图 1-2-6 中物体左端缺口的三个投影，也同样符合这一规律。在应用这一投影规律画图和看图时，特别要注意，水平投影、侧面投影除了反映宽相等外，还有前、后位置应符合对应关系：水平投影的下方和侧面投影的右方，表示物体的前方；水平投影的上方和侧面投影的左方，表示物体的后方。

在作图时，"宽相等"可以利用以原点 O 为圆心所作的圆弧，或利用从原点引出 45° 线将宽度在 H 面投影与 W 面投影之间相互转换（图 1-2-6d），但一般是用分规直接量度来转移最为方便。在画立体的投影图时，如果只要求表示出形体的形状和大小，而不需反映形体与各投影面的距离，坐标轴即可不必画出。但在这种无轴投影图中，各个投影之间仍须保持正投影的投影关系。

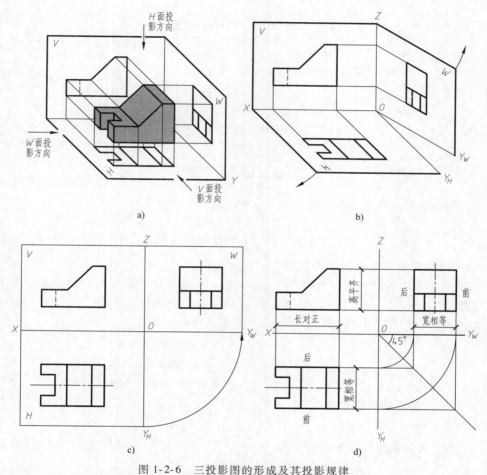

图 1-2-6　三投影图的形成及其投影规律

a）三投影图的形成过程　b）三投影面的展开方法　c）展开后的三投影图　d）三投影图

1.2.3　点的投影

点是组成立体最基本的几何要素。为了迅速而正确地画出立体的三面投影，必须掌握点的投影规律。

1. 点的三面投影

本书用大写拼音字母作为空间点的符号，分别用相应的小写拼音字母加一撇、小写拼音字母和小写拼音字母加两撇作为该点的正面投影、水平投影和侧面投影的符号。

如图 1-2-7a 所示，由点 A 分别作垂直于 V 面、H 面、W 面的投射线，交得点 A 的正面投影 a'、水平投影 a、侧面投影 a''。每两条投射线分别确定一个平面，与三投影面分别相交，构成一个长方体 $Aaa_xa'a_za''a_yO$。

将 H、W 面按箭头所指的方向旋转，使之与 V 面重合，即得点的三面投影图，如图

1-2-7b所示。这时，OY 轴成为 H 面上的 OY_H 轴和 W 面上 OY_W 轴，点 a_y 成为 H 面上的 a_{yH} 和 W 面上 a_{yW}。通常在投影图上只画出其投影轴，不画出投影面的边界，实际的投影图如图1-2-7c所示。

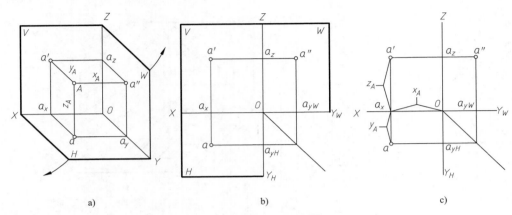

图 1-2-7　点的三面投影

a）立体图　b）投影面展开后　c）投影图

2. 点的三面投影与直角坐标的关系

若把三投影面体系看作直角坐标系，则 V、H、W 面即为坐标面，X、Y、Z 轴即为坐标轴，O 点即为坐标原点。由图1-2-7可知，A 点的三个直角坐标 x_A、y_A、z_A 即为 A 点到三个坐标面的距离，它们与 A 点的投影 a、a'、a'' 的关系如下：

$$x_A = a_z a' = a_{yH}a = 点 A 与 W 面的距离 a''A$$
$$y_A = a_x a = a_z a'' = 点 A 与 V 面的距离 a'A$$
$$z_A = a_x a' = a_{yW}a'' = 点 A 与 H 面的距离 Aa$$

3. 点的三面投影的投影规律

根据以上分析可以得出点的投影规律如下：

1）点的正面投影和水平投影的连线垂直于 OX 轴。这两个投影都反映空间点的 x 坐标，即

$$a'a \perp OX, a_z a' = a_{yH}a = x_A$$

2）点的正面投影和侧面投影的连线垂直于 OZ 轴。这两个投影都反映空间点的 z 坐标，即

$$a'a'' \perp OZ, a_x a' = a_{yW}a'' = z_A$$

3）点的水平投影到 OX 轴的距离等于侧面投影到 OZ 轴的距离。这两个投影都反映空间点的 y 坐标，即

$$a_x a = a_z a'' = y_A$$

如图1-2-7c所示，为了作图方便，可用过点 O 的45°辅助线，$a_{yH}a$、$a_{yW}a''$ 的延长线必与这条辅助线交会于一点。

点的投影规律是"长对正、高平齐、宽相等"的投影规律的另一表述。

【例1-2-1】　如图1-2-8a所示，已知 A 点的两个投影 a 和 a'，求 a''。

分析：由点的投影规律可知，已知点的两个投影，便可确定点的空间位置，因此，点的

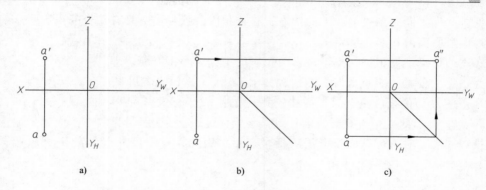

图 1-2-8 【例 1-2-1】图

第三个投影是唯一确定的。

作图步骤：

1）过 a' 向右作水平线，过 O 点作 45°辅助线，如图 1-2-8b 所示。

2）过 a 作水平线与 45°辅助线相交，并由交点向上引铅垂线，与过 a' 的水平线的交点即为 a''，如图 1-2-8c 所示。

4. 两点之间的相对位置

两点在空间的相对位置，由两点的坐标差来确定，如图 1-2-9 所示。

两点的左、右相对位置由 x 坐标差（x_A-x_B）确定。由于 $x_A>x_B$，因此 x 坐标大的在左方。

两点的前、后相对位置由 y 坐标差（y_A-y_B）确定。由于 $y_A>y_B$，因此 y 坐标大的在前方。

两点的上、下相对位置由 z 坐标差（z_A-z_B）确定。由于 $z_A<z_B$，因此 z 坐标大的在上方。

故点 A 在点 B 的左、前、下方，反过来说，就是点 B 在点 A 的右、后、上方。

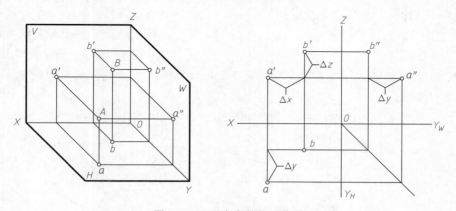

图 1-2-9 两个点的相对位置

5. 重影点

在图 1-2-10 所示 A、B 两点的投影中，a' 和 b' 重合，这说明 A、B 两点的 x、z 坐标相等，即：$x_A=x_B$、$z_A=z_B$，A、B 两点处于正面的同一条投射线上。

可见，共处于同一条投射线上的两点，必在相应的投影面上具有重合的投影。这两个点被称为对该投影面的一对重影点。

重影点的可见性需根据两点不重影的投影的坐标大小来判断。即：

当两点在 V 面的投影重合时，需比较其 y 坐标，y 坐标大者可见。

当两点在 H 面的投影重合时，需比较其 z 坐标，z 坐标大者可见。

当两点在 W 面的投影重合时，需比较其 x 坐标，x 坐标大者可见。

在投影图中，对不可见的点，需用括号表示，因此，对不可见点 B 的 V 面投影，加括号表示为（b'）。

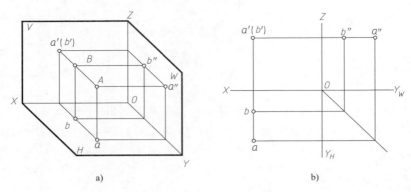

图 1-2-10　重影点间的投影

a）立体图　b）投影图

1.2.4　直线的投影

1. 直线投影的基本特性

1）当直线 AB 垂直于投影面时，如图 1-2-11a 所示，它在该投影面上的投影 ab 积聚为一个点 a（b）。直线上所有点的投影都与 a（b）重合，具有积聚性。

2）当直线 AB 平行于投影面时，如图 1-2-11b 所示，它在该投影面上的投影 ab 反映实长，具有实形性。

3）当直线 AB 倾斜于投影面时，如图 1-2-11c 所示，它在该投影面上的投影 ab 小于空间实长，具有类似性。

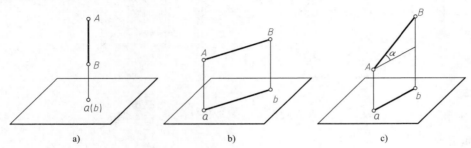

图 1-2-11　直线投影的基本特性

a）积聚性　b）实形性　c）类似性

2. 直线的三面投影

直线的投影可由直线上两点的同面投影来确定。图 1-2-12b 为线段上两端点 A、B 的三面投影，连接 A、B 两点的同面投影得到 ab、$a'b'$ 和 $a''b''$，就是直线的三面投影。

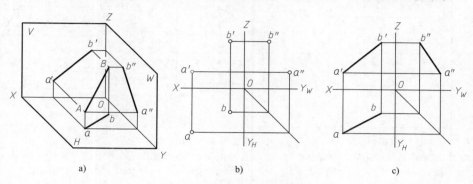

图 1-2-12 直线的三面投影

3. 直线对投影面的相对位置

（1）一般位置直线

对三个投影面都倾斜的直线，称为一般位置直线。图 1-2-12 所示即为一般位置直线，其投影特征为：

1）一般位置直线的各面投影均与投影轴倾斜。

2）一般位置直线的各面投影的长度均小于实长。

（2）特殊位置直线

1）投影面平行线。平行于一个投影面而对其他两个投影面倾斜的直线，统称为投影面平行线。

直线与投影面的夹角被称为直线对投影面的倾角，并以 α、β、γ 分别表示对 H、V、W 面的倾角，见表 1-2-1。

平行于 H 面，对 V、W 面倾斜的直线，称为水平线；平行于 V 面，对 H、W 面倾斜的直线，称为正平线；平行于 W 面，对 H、V 面倾斜的直线，称为侧平线。它们的投影特性见表 1-2-1。

2）投影面垂直线。垂直于一个投影面的直线，统称为投影面垂直线。

垂直于 H 面的直线，称为铅垂线，垂直于 V 面的直线，称为正垂线，垂直于 W 面的直线，称为侧垂线。它们的投影特性见表 1-2-2。

表 1-2-1 投影面平行线的投影特性

名称	水平线	正平线	侧平线
轴测图			

（续）

名称	水平线	正平线	侧平线
投影图			
投影特征	1. 水平投影 $ab = AB$ 2. 正面投影 $a'b' /\!/ OX$，侧面投影 $a''b'' /\!/ OY_W$，都不反映实长 3. ab 与 OX 与 OY_W 的夹角 β、γ 等于 AB 对 V、W 面的倾角	1. 正平投影 $c'd' = CD$ 2. 水平投影 $cd /\!/ OX$，侧面投影 $c''d'' /\!/ OZ$，都不反映实长 3. $c'd'$ 与 OX 和 OZ 的夹角 α、γ 等于 CD 对 H、W 面的倾角	1. 侧平投影 $e''f'' = EF$ 2. 水平投影 $ef /\!/ OY_W$，正面投影 $e'f' /\!/ OZ$，都不反映实长 3. $e''f''$ 与 OY_W 和 OZ 的夹角 α、β 等于 EF 对 H、V 面的倾角
总结	1）直线平行哪个面，在哪个面上投影为实长 2）另两面的投影平行于某一投影轴		

表 1-2-2　投影面垂直线的投影特性

名称	铅垂线	正垂线	侧垂线
轴测图			
投影图			
投影特征	1. 水平投影 $a(b)$ 积聚为一点 2. 正面投影 $a'b' /\!/ OZ$，侧面投影 $a''b'' /\!/ OZ$，都反映实长	1. 正面投影 $c'd'$ 积聚为一点 2. 水平投影 $c''d'' /\!/ OY_W$，侧面投影 $c''d'' /\!/ OY_W$，都反映实长	1. 侧面投影 $e''(f'')$ 积聚为一点 2. 水平投影 $ef /\!/ OX$，正面投影 $e'f' /\!/ OX$，都反映实长
总结	1）直线垂直于哪一个面，在哪个面上积聚为一点 2）另两面投影为实长		

立体上各种位置的直线如图 1-2-13 所示。

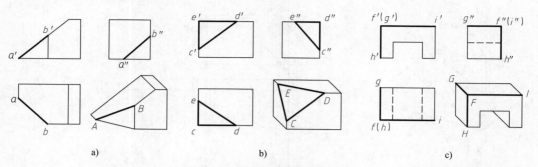

图 1-2-13　立体上各种位置的直线

a）一般位置直线 AB　b）水平线 DE、正平线 CD、侧平线 CE　c）铅垂线 FH、正垂线 FG、侧垂线 FI

4. 直线上点的投影

由正投影的基本性质可知，直线上点的投影必然同时满足从属性和定比性。

（1）从属性

点在直线上，则点的各个投影必定在直线的同面投影上，反之，点的各个投影在直线的同面投影上，则点一定在直线上。如图 1-2-14 所示，直线 AB 上有一点 C，C 点的三面投影 c、c'、c'' 必定分别在直线 AB 的同面投影 ab、$a'b'$、$a''b''$ 上。

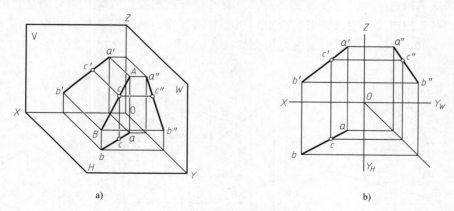

图 1-2-14　直线上点的投影

（2）定比性

点分割线段成比例投影后保持不变。如图 1-2-14 所示，点 C 把线段 AB 分成 AC 和 CB 两段，则 $AC:CB=ac:cb=a'c':c'b'=a''c'':c''b''$。

5. 两直线的相对位置

空间两条直线间的相对位置有平行、相交和交叉三种情况，其投影特性如下：

（1）平行两直线

若空间两直线相互平行，则它们的同面投影也一定相互平行。

如图 1-2-15a、b 所示，若 AB∥CD，则 $ab∥cd$、$a'b'∥c'd'$、$a''b''∥c''d''$。

反之，如果两直线的三个投影都互相平行，则可判定它们在空间互相平行。

如图 1-2-15c 为房屋实例中的一组平行线，其中 AB∥CD∥EF。

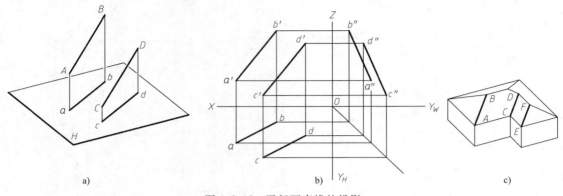

图 1-2-15　平行两直线的投影

a）立体图　b）投影图　c）实例

（2）相交两直线

空间相交的两直线，它们的三个投影都具有交点且交点为同一点的三个投影。

如图 1-2-16a、b 所示，直线 AB 和 CD 相交于 K，则 k 一定是 ab 和 cd 的交点，k′一定是 a′b′和 c′d′的交点，k″一定是 a″b″和 c″d″的交点。由于 k、k′和 k″是同一点 K 的三个投影，因此，k、k′的连线垂直于 OX 轴，k′、k″的连线垂直于 OZ 轴。

反之，如果两直线的三个投影都相交，且交点符合点的投影规律，则可判定它们在空间一定相交。对于一般位置直线，若两个投影面上直线相交，则空间两直线相交。

如图 1-2-16c 为房屋实例中的一组相交线，其中 AB、CB 及 DB 交于点 B。

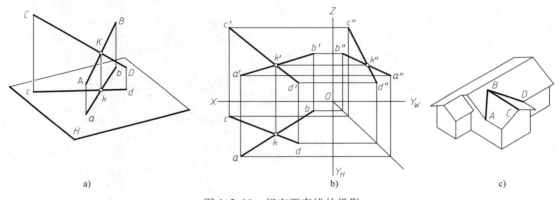

图 1-2-16　相交两直线的投影

a）立体图　b）投影图　c）实例

（3）交叉两直线

在空间既不平行又不相交的两直线被称为交叉两直线，如图 1-2-17a、b 所示。

因为空间两直线不平行，所以交叉两直线的投影可能会有一组或两组是互相平行，但决不会三组同面投影都互相平行；因为空间两直线不相交，所以交叉两直线的投影亦可以会有一组、两组甚至三组是相交的，但它们交点一定不符合点的投影规律。

反之，如果两直线的投影不符合平行或相交两直线的投影规律，则可判定为空间交叉两直线。

从图 1-2-17a、b 中可以看出：ab、cd 的交点实际上是 AB 上的 Ⅱ 点和 CD 上的 Ⅰ 点这对重影点在 H 面上的投影。由于 $z_Ⅱ > z_Ⅰ$，对水平投影来说，Ⅱ 是可见的，Ⅰ 是不可见的，故记为 2(1)。$a'b'$、$c'd'$ 的交点是 CD 上的 Ⅲ 点和 AB 上的 Ⅳ 点这对重影点在 V 面上的投影。由于 $y_Ⅲ > y_Ⅳ$，对正面投影来说，Ⅲ 是可见而 Ⅳ 不可见，故记为 3'(4')。

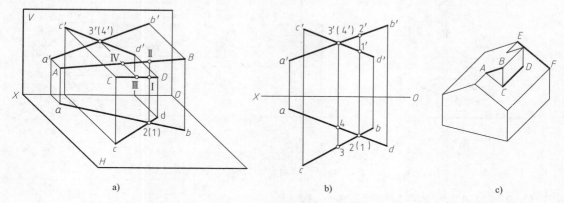

图 1-2-17 交叉两直线的投影
a）立体图 b）投影图 c）实例

图 1-2-17c 所示为房屋实例中的交叉线，其中 AB 与 CD，AB 与 EF 为两组交叉直线。

1.2.5 平面的投影

不属于同一直线的三点可确定一个平面。因此，平面可以用图 1-2-18 所示的任何一组几何要素的投影来表示。

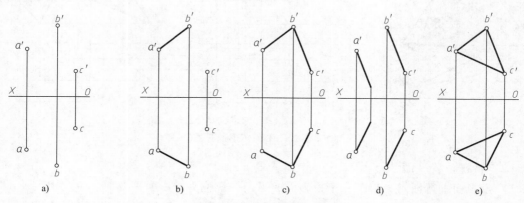

图 1-2-18 平面的表示法
a）不在同一直线上的三点 b）一直线和线外一点 c）相交两直线 d）平行两直线 e）任意平面图形

平面图形的边和顶点，是由一些线段及其交点组成的。因此，这些线段投影的集合，就表示了该平面。先画出平面图形各顶点的投影，然后将各点同面投影依次连接，即为平面图形的投影，如图 1-2-20 所示。

1. 平面的投影基本特性

1）平面倾斜于投影面时，它在投影面上的投影与平面图形类似，称为类似性，如图 1-2-19a 所示。

2）平面垂直于投影面时，它在投影面上的投影积聚为一条直线，称为积聚性，如图 1-2-19b 所示。

3）平面平行于投影面时，它在投影面上的投影反映实形，称为实形性，如图 1-2-19c 所示。

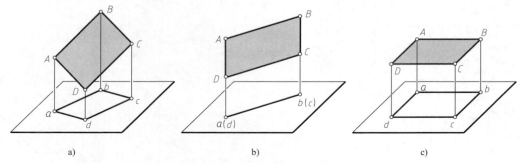

图 1-2-19　平面投影的基本特性
a）类似性　b）积聚性　c）实形性

2. 平面对投影面的各种相对位置

（1）一般位置平面

对三个投影面都倾斜的平面，称为一般位置平面。

图 1-2-20 中，△ABC 为一般位置平面。由于 △ABC 对三个投影面都倾斜，所以它的各面投影虽然仍为三角形，但都不反映实形，而是原平面图形的类似形。

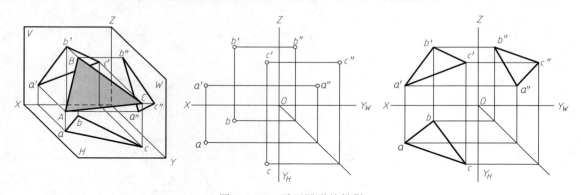

图 1-2-20　平面图形的投影

（2）特殊位置平面

1）投影面平行面。平行于一个投影面的平面，统称为投影面平行面。

平行于 H 面的平面，称为水平面；平行于 V 面的平面，称为正平面；平行于 W 面的平面，称为侧平面。它们的投影特性见表 1-2-3。

2）投影面垂直面。垂直于一个投影面而对其他两个投影面倾斜的平面，统称为投影面垂直面。

平面与投影面的夹角被称为平面对投影面的倾角，并以 α、β、γ 分别表示对 H、V、W 面的倾角，见表 1-2-4。

垂直于 H 面，对 V、W 面倾斜的平面，称为铅垂面；垂直于 V 面，对 H、W 面倾斜的平面，称为正垂面；垂直于 W 面，对 H、V 面倾斜的平面，称为侧垂面。它们的投影特性见表 1-2-4。

表 1-2-3　投影面平行面的投影特性

名称	水平面	正平面	侧平面
轴测图	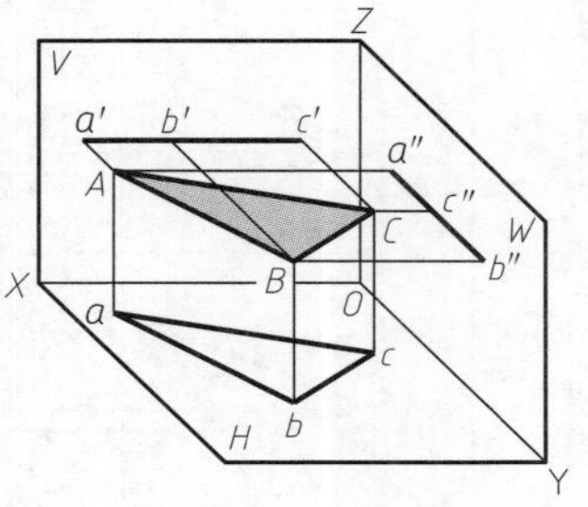	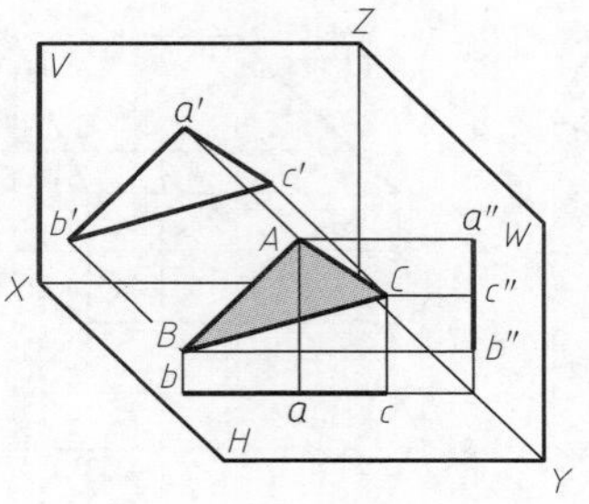	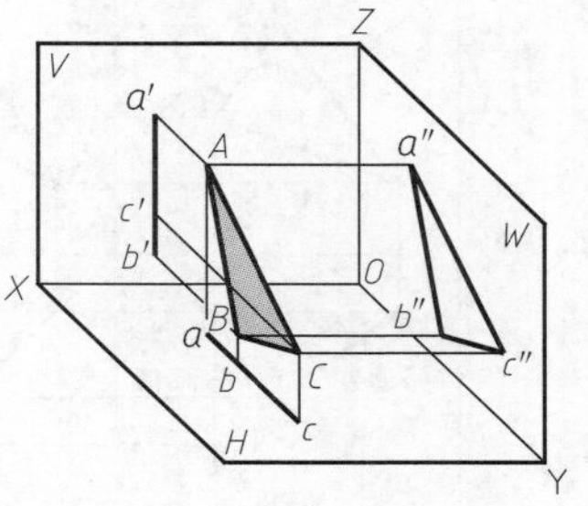
投影图	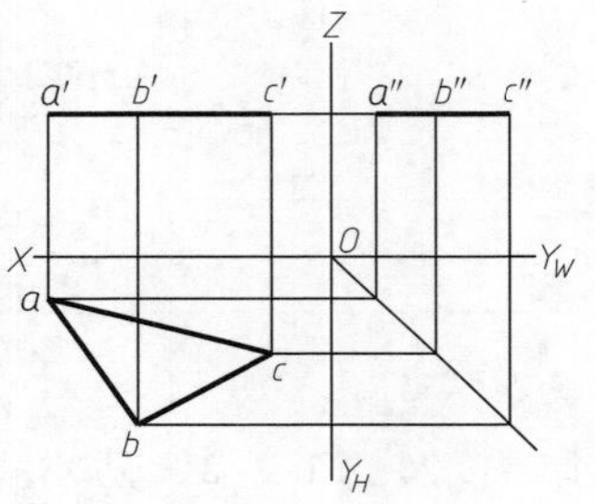	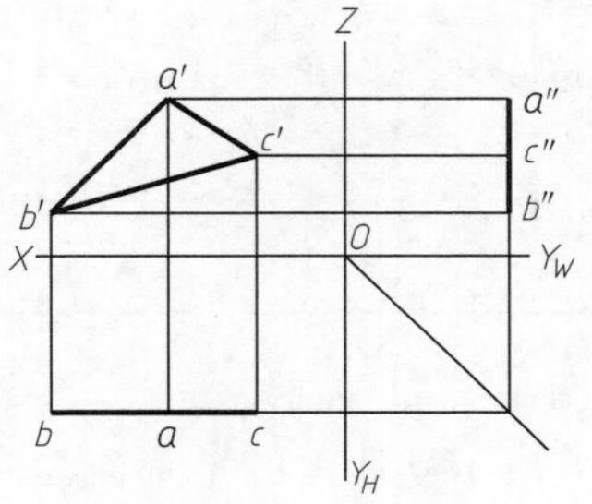	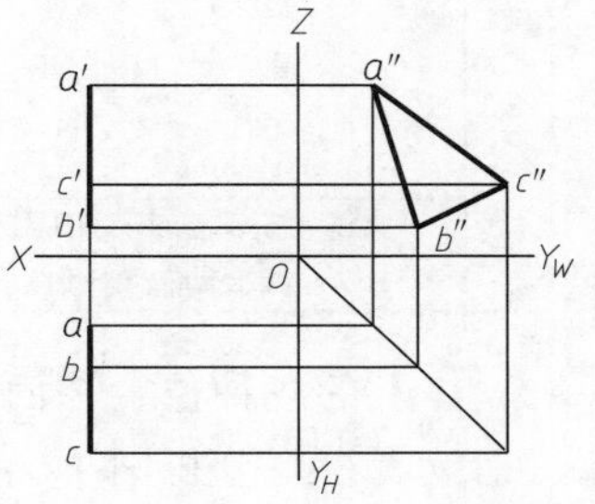
投影特征	1. 水平投影反映实形 2. 正面投影积聚成直线,且平行于 OX 轴 3. 侧面投影积聚为直线,且平行于 OY_W 轴	1. 正面投影反映实形 2. 水平投影积聚成直线,且平行于 OX 轴 3. 侧面投影积聚为直线,且平行于 OZ 轴	1. 侧面投影反映实形 2. 水平投影积聚成直线,且平行于 OY_H 轴 3. 正面投影积聚为直线,且平行于 OZ 轴
总结:1)平面平行于哪一个面,在哪个面上投影为实形　　2)另两面具有积聚性			

表 1-2-4　投影面垂直面的投影特性

名称	铅垂面	正垂面	侧垂面
轴测图	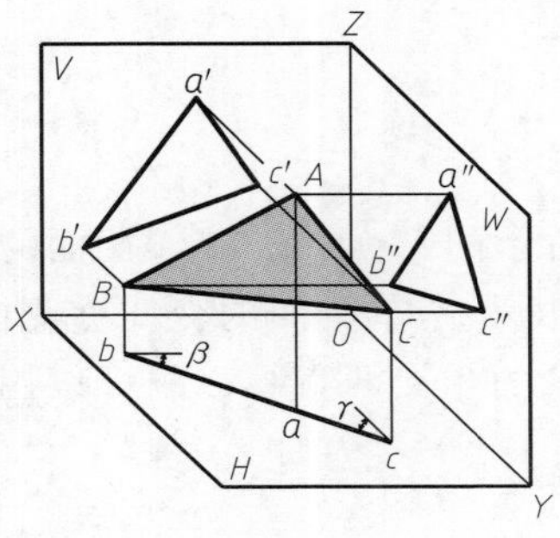	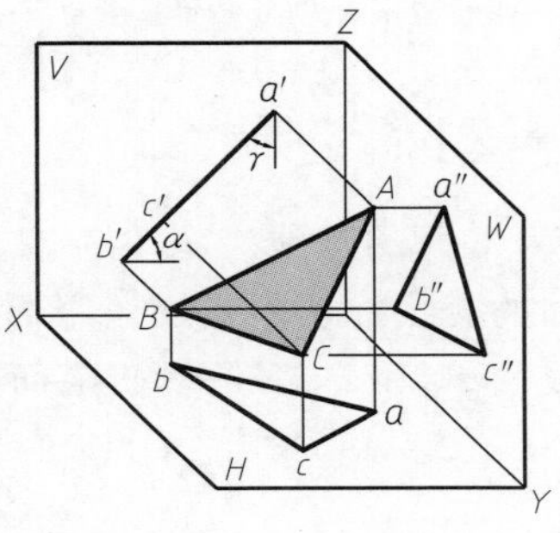	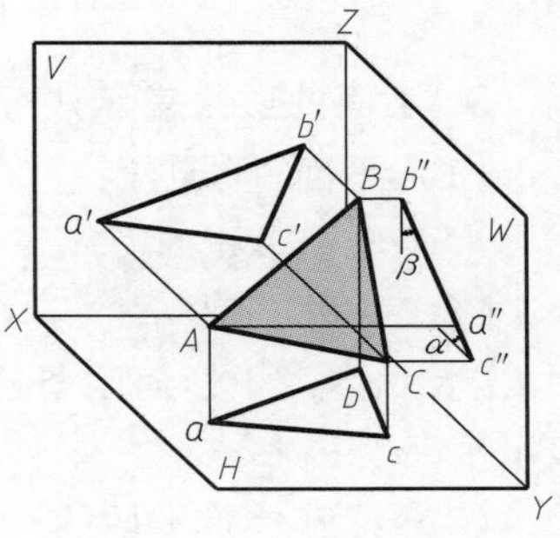

（续）

名称	铅垂面	正垂面	侧垂面
投影图	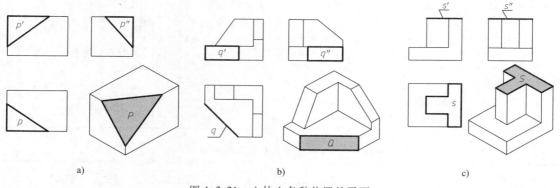		
投影特征	1. 水平投影积聚成直线，并反映真实倾角 β、γ 2. 正面投影和侧面投影为原形的类似形	1. 正面投影积聚成直线，并反映真实倾角 α、γ 2. 水平投影和侧面投影为原形的类似形	1. 侧面投影积聚成直线，并反映真实倾角 α、β 2. 水平投影和正面投影为原形的类似形
总结	1）平面垂直于哪一个面，在哪个面上有积聚性 2）另两面投影具有类似性		

立体上的各种位置平面如图 1-2-21 所示。

请读者自行分析图 1-2-21b 所示立体上的正垂面和侧垂面以及图 1-2-21c 所示立体上的正平面和侧平面。

图 1-2-21　立体上各种位置的平面

a）一般位置平面 P　b）铅垂面 Q　c）水平面 S

3. 平面的迹线表示法

（1）平面迹线的概念

平面与投影面的交线，称为平面的迹线。图 1-2-22 所示的平面 P，它与 H 面的交线称水平迹线，用 P_H 表示；与 V 面的交线称正面迹线，用 P_V 表示；与 W 面的交线称侧面迹线，用 P_W 表示。由于任何两条迹线如 P_H 和 P_V 都是属于平面 P 的相交两直线，故可以用迹线来表示平面。

（2）特殊位置平面的迹线

在实际应用中，经常用迹线表示特殊位置平面。如图 1-2-23 所示，用正面迹线表示正

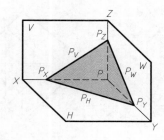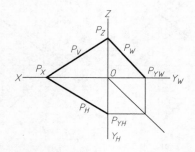

图 1-2-22　立体上各种位置的平面

垂面；如图 1-2-24 所示，用水平或侧面迹线表示正平面。

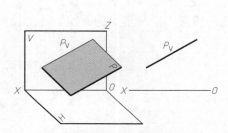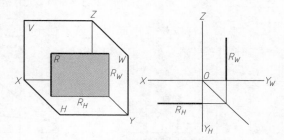

图 1-2-23　正垂面的迹线表示法　　　　图 1-2-24　正平面的迹线表示法

4. 平面上的直线和点

（1）在平面上取直线

在平面上取直线是以下面两个几何定理为依据的：

1）若一直线通过平面上的两个点，则此直线必在该平面上。

在图 1-2-25a 中，由于 *A*、*C* 为平面 *ABCD* 上的两个点，则通过 *A*、*C* 两点的直线 *AC* 一定在平面 *ABCD* 上。这种作图方法称为两点法。

2）若一直线通过平面上的一点，并且平行于平面上的另一直线，则此直线必在该平面上。

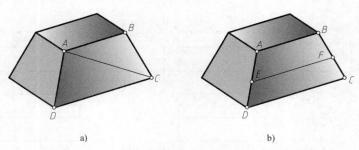

a)　　　　　　　　　　　b)

图 1-2-25　平面上取直线（一）

在图 1-2-25b 中，过点 *E* 作直线 *EF* 平行于 *DC* 边，则 *EF* 一定在平面 *ABCD* 上。这种作图方法称为一点一方向法。

用上述条件分析图 1-2-26 所示的投影图可知：点 *D* 和直线 *DE* 位于相交两直线 *AB*、*BC* 所确定的平面上。

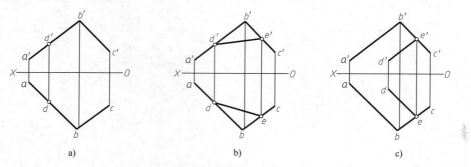

图 1-2-26　平面上取直线（二）

a）点 D 在平面 ABC 的直线 AB 上　b）直线 DE 通过平面 ABC 上的两个点 D、E

c）直线 DE 通过平面 ABC 上的点 E，且平行平面 ABC 上的直线 AB

当平面为特殊位置平面时，该平面上的点和直线的投影一定与平面的有积聚性的投影重合，如图 1-2-27 所示。

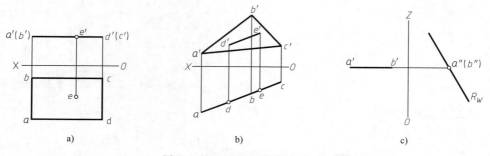

图 1-2-27　平面上取直线（三）

（2）在平面上取点

要在平面上取点，必须先在平面上取直线，然后在此直线上取点。这样，由于该直线在平面上，则直线上的各点必然在平面上。

【例 1-2-2】　如图 1-2-28a 所示，已知两坡屋顶面上有一点 e'，求水平投影 e、侧面投影 e"。

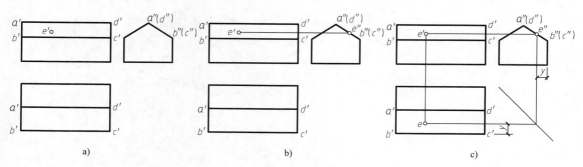

图 1-2-28　在两坡屋面上取点

分析及作图步骤如下：

由于点 e' 为可见点，故可判别 E 点在坡屋面 ABCD 上。由于平面 ABCD 是一侧垂面，其 W 投影有积聚性，所以 e" 可直接在 W 面上求出，然后再求其他投影。

1）过 e' 引水平线与屋面的 W 的投影相交于 e''，即点 E 的 W 面投影，如图1-2-28b所示。

2）截取 e'' 与屋檐的距离 y，利用"宽相等"移到 H 面上，作一水平线，与过 e' 所引的铅垂线相交，即得所求的 e，如图1-2-28c所示。作图过程也可用45°辅助线来完成。

【例1-2-3】 如图1-2-29a所示，补全平面图形 $ABCDE$ 的两面投影。

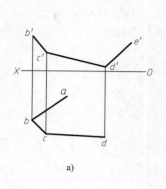
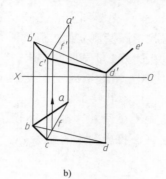
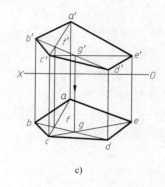

a)　　　　　　　　　　　b)　　　　　　　　　　　c)

图1-2-29 平面上取点

分析及作图步骤如下：

由图1-2-29a可知，V 面有 $b'c'd'$，H 面有 $b'c'd$，可把 BCD 看作三点组成的一个平面，求多边形的问题转换成了平面上取点 a' 和 e 的问题。

1）连接 bd，连接 $b'd'$，连接 ca，两直线 bd 与 ca 交于共有点 f，则 f' 必定落在 $b'd'$ 上，连 $c'f'$ 并延长交于点 a 在 V 面的投影连线于一点，即求出 a'，如图1-2-29b所示。

2）连接 $c'e'$，两直线 $c'e'$ 与 $b'd'$ 交于共有点 g'，则 g 必定落在 bd 上，连 cg 并延长交于点 e' 在 H 面的投影连线于一点，即求出 e，如图1-2-29c所示。

3）连接 V 面的 $b'a'e'$、H 面的 aed 且加为粗实线，即完成所求，如图1-2-29c所示。

任务实施

根据上述知识，现绘制立体图1-2-1的三面投影图，分析与作图步骤如下：

该立体是一个切割类的建筑形体，即一个四棱柱左侧被切去一个大四棱柱槽和一个小四棱柱槽，右侧被斜切去一个小三棱柱。按图1-2-1中所选的方向作为 V 面投影的投影方向，当 V 面投影确定之后，H 面和 W 面也就随之确定。

下面先分析形体，利用线、面的投影特性来分析图样，如图1-2-30所示。

1）平面 A 为正平面，正平面的投影特性为：一面为实形，另两面为积聚，即 V 面实形，H 面和 W 面积聚为一条直线。图1-2-1中与 A 面平行的平面均具有此特性，如图1-2-30a所示。

2）平面 B 为水平面，在 H 面为实形，在 V 面和 W 面积聚为一条直线，图1-2-1中与 B 面平行的平面均具有此特性，如图1-2-30b所示。

3）平面 C 为侧平面，在 W 面投影为实形，在另外两面积聚为一条直线，同样，图1-2-1中与 C 面平行的平面均具有此特性，如图1-2-30c所示。

4）平面 D 为侧垂面，侧垂面的投影特性为：一面积聚，另两面类似形，即 W 面积聚为一条直线，另外两面投影为类似形，如图 1-2-30d 所示。

图 1-2-30 是一种分析方法，不是画图步骤，在画图时，可将上述分析与图 1-2-31 结合起来，在分析形体的特征时，结合线、面投影特性，可更快捷更正确地绘制出形体的三面投影图。绘制三面投影图的画图步骤如图 1-2-31 所示。

1）如图 1-2-31a 所示，画底板的三投影图。应先画反映底板形状特征的正面投影图，再按三投影图的投影规律画出水平投影图及侧立面投影图。在画水平投影图及侧立面投影图时，需特别注意"宽相等"，可采用分规度量宽度的方法。

2）如图 1-2-31b 所示，画出底板左端方槽的三面投影。由于构成方槽的三个平面的水平投影面都积聚成直线，反映了方槽的形状特征，所以应先画出其水平投影，然后再画出其他投影。它的 V 面投影不可见，应画为虚线。在画 W 面投影时，应保持各个部分的"宽相等"，即 H 面投影图中的 y_1、y_2 与 W 面投影图中的相等。

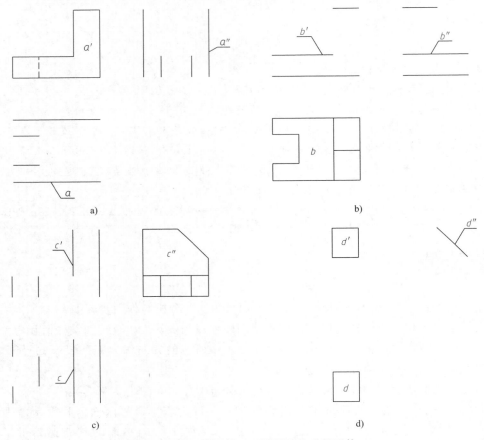

图 1-2-30　利用线、面投影特性分析形体

a）正平面，V 面实形，另两面积聚　b）水平面，H 面实形，另两面积聚

c）侧平面，W 面实形，另两面积聚　d）侧垂面，W 面积聚，另两面为类似形

3）如图 1-2-31c 所示，画出右边切角的投影。由于被切角后形成的平面垂直于侧面，所以应先画出其侧面投影，根据侧面投影画水平投影时，要注意量取尺寸的起点和方向及其

"宽相等"。

4）最后进行加粗、加深，如图 1-2-31d 所示。

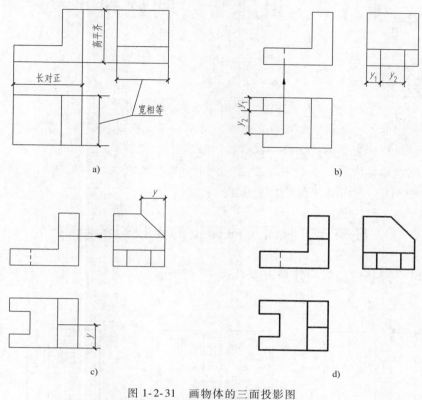

图 1-2-31 画物体的三面投影图

a）画底板的三面投影图 b）画左端方槽的三面投影图
c）画右边切角的三面投影图 d）加深后的三面投影图

任 务 总 结

1）国家标准中有关图纸幅面、比例、字体、图线、尺寸标注及绘图工具的使用、几何作图、平面图形的分析和画图步骤等内容，是正确阅读及绘制建筑工程图样必不可少的基础内容。

2）正投影法是建筑工程图样的默认投影方法，采用正投影法绘制形体的三面投影图应符合三等关系。同时，在绘制和阅读形体的三面投影图时，熟练运用点、线、面的投影特性，能起到辅助画图和看图的作用。

项目 2　识读与绘制建筑形体

项目目标

1. 了解常用的一些曲线、曲面及其投影，并掌握常见曲线、曲面绘制方法。
2. 了解建筑形体表面的截交线和相贯线，并掌握绘制方法。
3. 掌握建筑形体的一些基本表达方法（包括六面投影图、建筑形体的基本绘制与阅读方法、尺寸的标注、剖面图及断面图等内容）。

任务 1　曲面及曲面上的点投影的绘制

如何根据图 2-1-1a 给出圆柱面上的点 A、B 的 V、W 面投影（a'）、b''，求它们的其余两投影？

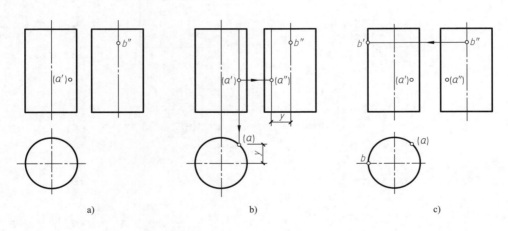

图 2-1-1　圆柱及圆柱面上点的投影

a）已知 A、B 的一投影 a'、b''　　b）求 A 点的另两投影

c）求 B 点的另两投影

任务分析

建筑工程中常会遇到由曲线、曲面与平面围成的曲面体，如圆柱、壳体屋盖、隧道的拱顶以及常见的设备管道等，它们的几何形状都是曲面体，如图 2-1-2 所示。在制图、施工和加工中应熟悉它们的特性。本任务将介绍常用的一些曲线、曲面及其投影。

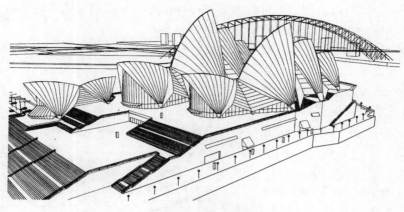

图 2-1-2　悉尼歌剧院

2.1.1　曲线

1. 曲线的形成

曲线可以看作是一个动点在连续运动中不断改变方向所形成的轨迹，如图 2-1-3a 所示；也可以是平面与曲面相交的交线，如图 2-1-3b；或两曲面相交形成的交线，如图 2-1-3c 所示。

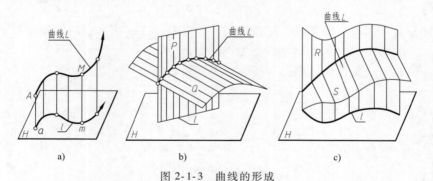

图 2-1-3　曲线的形成

a）点的运动轨迹　b）平面与曲面的交线　c）曲面与曲面的交线

2. 曲线的分类

1）平面曲线——曲线上所有点都在同一平面上，如圆、椭圆、抛物线、双曲线及任一曲面与平面的交线。

2）空间曲线——曲线上任意连续的四个点不在同一平面上，如螺旋线或曲面与曲面的交线。

3. 曲线的投影特性

曲线上的点，其投影必落在该曲线的同面投影之上，如图 2-1-3a 所示，曲线上 M 点，其投影 m 落在曲线的投影 l 上。

曲线的投影一般仍为曲线。在对曲线 L 进行投影时，通过曲线的光线形成一个光曲面，该光曲面与投影面的交线必为一曲线，如图 2-1-4a 所示。

若曲线是一平面曲线，且它所在平面为投影面垂直面时，则曲线在所垂直的投影上的投影为一直线，且位于平面的积聚投影上，如图 2-1-4b 所示；其他二投影仍为曲线。

若曲线是一平面曲线，且它所在平面为投影面平行面时，则该曲线在所平行的投影面上的投影为曲线的实形，见图 2-1-4c，其他二投影均为直线且平行于投影轴。

空间曲线，在三个投影面上的投影仍为曲线。

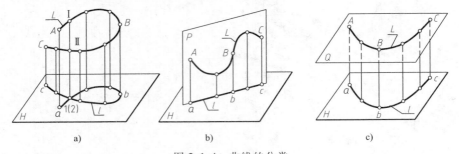

图 2-1-4 曲线的分类

a）空间曲线　b）曲线所在平面垂直于投影面　c）曲线所在平面平行于投影面

4. 圆的投影

圆是平面曲线之一，其投影由于圆面与投影面相对位置不同有三种情况：

1）圆面平行于某一投影面时，则圆在该投影面上的投影为圆（实形）；另外两个投影积聚为一直线段（长度等于圆的直径），且平行于投影轴。

2）圆面垂直于某一投影面时，则圆在该投影面上的投影积聚为一倾斜于投影轴的直线段（长度等于圆的直径）；另外两个投影为椭圆，如图 2-1-5 所示。

3）圆面倾斜于投影面时，投影为椭圆（椭圆长轴等于圆的直径）。

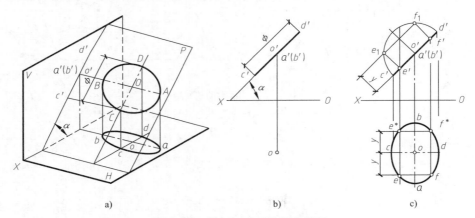

图 2-1-5 属于正垂面的圆的投影

a）属于正垂面的圆的投影　b）确定圆的圆心 O，并作 V 面投影　c）作圆 H 面投影

5. 圆柱螺旋线

（1）圆柱螺旋线的形成

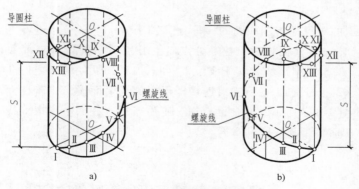

图 2-1-6　圆柱螺旋线的形成

a）右螺旋线　b）左螺旋线

圆柱面上一动点沿着圆柱轴线方向作等速直线运动，同时该动点绕着圆柱轴线作匀速圆周运动，则该动点在圆柱面上的轨迹曲线就是一圆柱螺旋线。如图 2-1-6a 所示。该圆柱称为导圆柱。形成圆柱螺旋线必须具备以下三个要素：

1）导圆柱（直径 d）。

2）导程（S）——动点回转一周，沿轴线方向移动的距离。

3）旋向——分右旋、左旋两种旋向。以大拇指指向动点沿着轴线前进的方向，握紧柱面的四指方向表示动点绕轴线的回转方向。若符合右手规则时称为右旋，如图 2-1-6a 所示；若符合左手规则时称为左旋，如图 2-1-6b 所示。

（2）圆柱螺旋线的投影作法

1）根据导圆柱的直径 d 和导程 S 画出导圆柱的 H、V 面投影（图中导圆柱轴线垂直 H 面），如图 2-1-7a 所示。

2）将 H 面投影的圆等分为 n 等分（图中为 12 等分），注上各等分点的顺序号 1、2、…、13；画右旋时，如图 2-1-7b 所示，按逆时针方向顺序标注；画左旋时，如图 2-1-7c

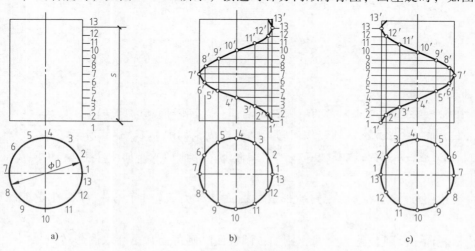

图 2-1-7　圆柱螺旋线的作法

a）等分圆周和导程为相同等份　b）右螺旋线的投影　c）左螺旋线的投影

所示，按顺时针方向顺序标注。

3）将 V 面投影的导程作与圆相同的 n 等分（图中为 12 等分），过各等分点自下而上顺序编号 1、2、…、13；由 H 面投影上各等分点向上分别引铅垂线，与 V 面投影的各同名等分点 1、2、…、13 的水平引出线相交于 1′、2′、…、13′，即为螺旋线上的点的 V 面投影；

4）顺序将 1′、2′、…、13′各点光滑连接即得螺旋线 V 面投影。若柱面不存在，则整条螺旋线都可见，如图 2-1-7 所示；若柱面存在，则位于后半柱面上的螺旋线不可见。

5）螺旋线的 H 面投影与导圆柱重合，为一个圆。

2.1.2 曲面

曲面，可看作是一动线（直线或曲线）在一定约束条件下运动的轨迹。该动线称为母线，母线的任一位置称为素线。约束母线运动的条件，称为约束条件。其中，点、线（直线、曲线）、面（平面、曲面）分别称为导点、导线和导面。

由于母线形状、位置的不同或是母线运动的约束条件不同，便可形成不同的曲面。

如图 2-1-8a～c 所示的圆柱面、圆锥面、单叶双曲回转面，它们的母线都是直线，运动的约束条件都是回转轴线，由于母线与回转轴的相对位置不同，所形成的曲面也不相同。

如图 2-1-8d 所示的圆球面，是圆母线绕着圆的直径回转形成。

如图 2-1-8e 所示的柱面，是直母线 MN 沿着曲导线 L 运动且始终平行于直导线 AB 而形成。

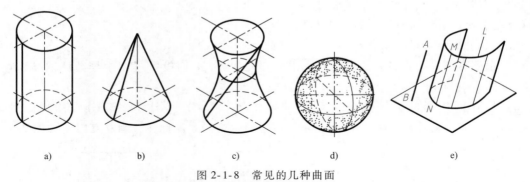

图 2-1-8 常见的几种曲面
a）圆柱面 b）圆锥面 c）单叶双曲回转面 d）球面 e）直纹曲面

1. 曲面的分类

工程上常常按母线运动方式的不同，将曲面分为回转面和非回转面两大类。

1）回转面——母线绕一轴线作回转运动而形成，如图 2-1-8a～d 所示。

2）非回转面——母线在其他一些约束条件下运动而形成，如图 2-1-8e 所示。

2. 回转面

直母线或曲母线绕一轴线旋转所形成的曲面，称为回转曲面。按母线性质不同可分为两类：

直线回转面——母线均为直线。例如：圆柱面、圆锥面、单叶双曲回转面。

曲线回转面——母线均为曲线。例如：圆球面、圆环面和其他平面曲线绕轴线形成的曲面。

回转体是由回转面或回转面与平面围成，其投影与回转面的投影基本相同。回转体是一实体，而回转面是一曲面。由于圆柱面、圆锥面、圆球面分别与圆柱体、圆锥体、圆球体的投影画法相同。因此，本章也将圆柱体、圆锥体、圆球体一起讨论。

（1）圆柱面

1）圆柱面的形成：一直母线 AB 绕与它相互平行的轴线 $O-O$ 旋转而形成，如图 2-1-9a 所示。该曲面可看作是由一系列直素线所组成，每一根素线都与轴线平行且等距。相邻两素线是平行二直线。若使轴线垂直于 H 面，则母线的上、下端点 A、B 旋转所形成的纬圆，分别称为上底圆、下底圆。上底圆、下底圆围成的平面就是圆柱体的上底面、下底面。

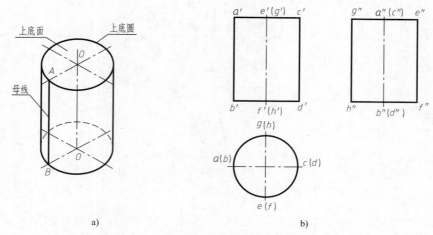

图 2-1-9　圆柱的形成及投影
a）形成　b）投影

2）圆柱的投影：若使圆柱轴线 $O-O$ 垂直于 H 面，它的三面投影如图 2-1-9b 所示。

H 面投影：为一圆。圆周是柱面积聚投影，圆周上的每一个点是柱面上的一条直素线的积聚投影。凡柱面上的点、线的 H 面投影必落在该积聚投影上；圆面为上、下底面实形的重合投影，且上底面可见，下底面不可见。

V 面投影：为一矩形。由上、下底圆的积聚投影和圆柱面的最左、最右两条素线的投影（$a'b'$、$c'd'$）围成。$a'b'$、$c'd'$ 是柱面对 V 面的转向轮廓线，分圆柱面为前半、后半个柱面，向 V 面投影时，前半个柱面可见，后半个柱面不可见。

W 面投影：为一矩形。由上、下底圆的积聚投影和圆柱面的最前、最后两条素线的投影（$e''f''$、$g''h''$）围成。$e''f''$、$g''h''$ 是柱面对 W 面的转向轮廓线，分圆柱面为左半、右半个柱面，向 W 面投影时，左半个柱面可见，右半个柱面不可见。

3）圆柱表面取点。属于圆柱面上的点，必落在圆柱面上的某一条直素线上。因此，可包含该点在圆柱面上作一条直素线，从而确定该点的投影。

利用曲面上的直素线求点的方法，称为素线法。

完成如图 2-1-1 所示任务的具体实施步骤如下：

求 A 点的其余二投影 a、a''，如图 2-1-10b 所示。

1）判断 A 点的位置：A 点在右后四分之一的圆柱面上。

2）在 V 面投影上包含 a' 作素线投影。

3）利用积聚性在 H 面投影上求出 a；即 a 与素线投影重合。

4）在 W 面投影上求出素线投影，从而求出 a''。a'' 在 W 面上不可见，需加括号。

求 B 点的其余二投影 b、b'，如图 2-1-10c 所示。

1）判断 B 点的位置：B 点在圆柱面上最左的素线上，即圆柱对 V 面最左的转向线。

2）可根据该转向线的其他投影，直接确定该点的相应投影 b、b'。

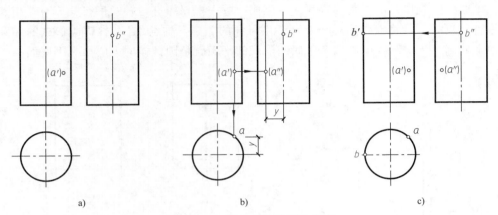

a)   b)   c)

图 2-1-10　属于圆柱表面上的点

a）已知 A、B 的一投影 a'、b'　b）求 A 点的另二投影　c）求 B 点的另二投影

（2）圆锥面

1）圆锥面的形成：一直母线 SA 绕与它相交的轴线 SO 旋转而形成，如图 2-1-11a 所示。该曲面可看作是由一系列直素线所组成，相邻两素线是共面的相交二直线。直母线 SA 绕轴线 SO 旋转时，母线上任何一点的轨迹都是圆，称为纬圆。因此该曲面也可看作是由一系列纬圆所组成。母线 SA 与轴线 SO 的交点 S，就是圆锥的锥顶。母线 SA 的另一端点 A 旋转所形成的纬圆，称为底圆。底圆围成的平面就是圆锥体的底面，如图 2-1-11a 所示。

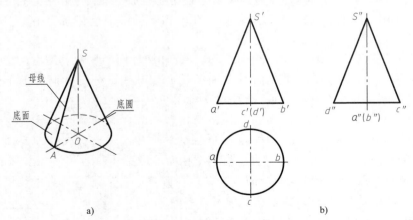

a)   b)

图 2-1-11　圆锥的形成及投影

a）形成　b）投影

2）圆锥的投影：若圆锥轴线垂直于 H 面，且使锥顶向上时，其三面投影如图 2-1-11b 所示。

H 面投影：为一圆。圆是锥面和底圆实形的重合投影，锥面可见，圆面不可见。

V 面投影：为一等腰三角形。由底圆的积聚投影和圆锥面的最左、最右两条素线的投影（$s'a'$、$s'b'$）围成。$s'a'$、$s'b'$ 是锥面对 V 面的转向轮廓线，分圆锥面为前半、后半个锥面，向 V 面投影时，前半个锥面可见，后半个锥面不可见。

W 面投影：为一等腰三角形。由底圆的积聚投影和圆锥面的最前、最后两条素线的投影（$s''c''$、$s''d''$）围成。$s''c''$、$s''d''$ 是锥面对 W 面的转向轮廓线，分圆锥面为左半、右半个锥面，向 W 面投影时，左半个锥面可见，右半个锥面不可见。

3）表面取点。圆锥面可看作由一系列直素线组成，属于圆锥面上的点，必落在圆锥面上的某一条直素线上。因此，可包含该点在圆锥面上作一条直素线，从而确定该点的投影，即可用素线法求圆锥面上点的投影。

圆锥面还可看作由一系列纬圆组成，属于圆锥表面上的点，必落在圆锥面上的某一纬圆上。因此，可包含该点在圆锥面上作一纬圆，从而确定该点的投影。

利用曲面上的纬圆求点的方法，称为纬圆法。

【例 2-1-1】　如图 2-1-12a 所示，给出圆锥面上的点 A、B 的 V 面投影 a'、b' 和点 C 的 H 面投影 c，求它们的其余二投影。

实施步骤：求 A 点的其余二投影 a、a''，采用素线法求，如图 2-1-12b 所示。

1）判断 A 点的位置：A 点在右前四分之一的圆锥面上。

2）在 V 面投影上过锥顶包含 a' 作素线投影。

3）画出素线在 H 面投影，求出 a。

4）在 W 面投影上作出素线投影，从而求出 a''；也可用投影关系求出 a''。

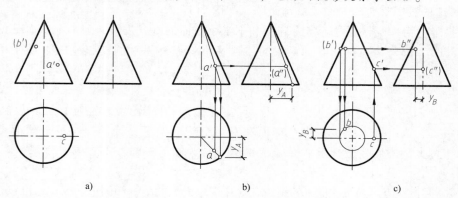

图 2-1-12　属于圆锥表面上的点

a）已知条件　b）素线法求表面点　c）纬圆法求表面点

求 B 点的其余二投影 b、b''，采用纬圆法求，如图 2-1-12c 所示。

1）判断 B 点的位置：B 点在圆锥面上左后四分之一的圆锥面上。

2）在 V 面投影上包含 b' 作纬圆的投影，即作一水平线与两转向线相交。

3）在 H 面投影上作出该纬圆，并求出 B 点的 H 面投影 b。

4）利用点的投影规律求出 B 点的 W 投影 b''。

求 C 点的其余二投影 c'、c'' 如图 2-1-12c 所示。

1）判断 C 点的位置：C 点在圆锥面上最右的素线上；即圆锥对 V 面最右的转向线。

2）可根据该转向线的其他投影，直接确定该点的相应投影 c'、c''。

（3）圆球面

1）圆球面的形成：一圆母线绕它的直径旋转而形成，所以该曲面属于曲线回转面，如图 2-1-13a 所示。

母线（圆）绕轴线（直径）旋转时，母线上任何一点的轨迹都是圆。平行于 H 面的圆称为纬圆，该曲面可看作是由一系列的纬圆所组成。垂直于 H 面的圆称为子午圆。

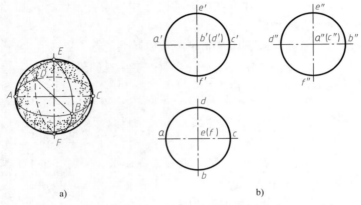

图 2-1-13　圆球的投影
a）球面　b）投影图

2）圆球的投影：它的三面投影都是圆，如图 2-1-13b 所示。

H 面投影：为一圆，圆是上半个球面和下半个球面的重合投影，上半个球面可见，下半个球面不可见。圆周是平行于 H 面最大的纬圆（称为赤道圆）的投影，是球面对 H 面的转向轮廓线。

V 面投影：为一圆，圆是前半个球面和后半个球面的重合投影，前半个球面可见，后半个球面不可见。圆周是平行于 V 面最大的圆（称为主子午圆）的投影，是球面对 V 面的转向轮廓线。

W 面投影：为一圆，圆是左半个球面和右半个球面的重合投影，左半个球面可见，右半个球面不可见。圆周是平行于 W 面最大的圆（称为侧子午圆）的投影，是球面对 W 面的转向轮廓线。

3）圆球表面取点。属于球面上的点，必落在该球面上的某一纬圆上。因此，可包含该点在球面上作一平行于投影面 H 的纬圆，从而确定该点的投影，即可用纬圆法求球面上点的投影。

需要说明的是，球面上也可找到一组平行于 V 面的圆和一组平行于 W 面的圆。因此，属于球面上的点，也可利用球面上平行于投影面 V 面的圆或平行于投影面 W 面的圆来确定。

【例 2-1-2】　如图 2-1-14a 所示，给出圆球面上的点 A、B 的 V 面投影 a'、b'，求它们的其余二投影。

实施步骤：求 A 点的其余二投影 a、a''，如图 2-1-14b 所示。

1）判断 A 点的位置：A 点在右前上八分之一的球面上。

2）在 V 面投影上包含 a' 作纬圆投影。

3）在 *H* 面上作纬圆投影，求出 *a*。

4）在 *W* 面投影上求出纬圆的投影，从而求出 *a″*；或直接用"高平齐，宽相等"求。求 *B* 点的其余二投影 *b*、*b″*，如图 2-1-14b 所示。

1）判断 *B* 点的位置：*B* 点在球面的赤道圆上；即在球对 *H* 面的转向线上。

2）可根据该转向线的其他投影位置，直接确定该点的相应投影 *b*、*b″*。

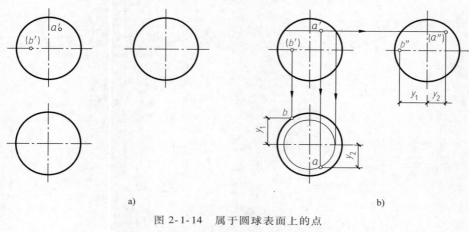

图 2-1-14　属于圆球表面上的点

a）已知条件　b）纬圆法求表面点

（4）单叶双曲回转面

单叶双曲回转面的形成：直母线 *AB* 绕与它交叉的轴线旋转而形成。由于直母线 *AB* 上任一点的旋转轨迹均是纬圆，母线的任意位置称为素线，所以该曲面可看作是由一系列纬圆，或一系列直素线所组成，如图 2-1-15 所示。

母线的上、下端点 *A*、*B* 所形成的纬圆，分别称为顶圆、底圆，母线到轴线距离最近的一点 *C* 所形成的纬圆称为颈圆（或称为喉圆）。

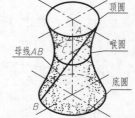

图 2-1-15　曲面的形成

3. 非回转面直纹曲面

（1）柱面

1）柱面的形成：一直母线 *AB* 沿着一曲导线 *L* 运动，且始终平行于一直导线 *MN*，所形成的曲面称为柱面，如图 2-1-16a 所示。曲导线可以闭合，也可以不闭合。柱面上相邻两素线相互平行。因此，柱面是可展曲面。

2）柱面的投影：如图 2-1-16b 所示，画出直导线 *MN* 和曲导线 *L* 的投影；画直素线端点的轨迹的投影（圆）；画柱面对投影面的转向轮廓线。若曲导线不闭合时，须画出起始、终止两直素线的投影；若曲导线是圆、椭圆时，还须画出轴线。

3）柱面投影的可见性：可根据柱面对投影面的转向线判定。

4）表面取点：采用素线法；底面是圆时也可用纬圆法。

（2）锥面

1）锥面的形成：一直母线 *SA* 沿着一曲导线 *L* 运动，且始终通过一定点 *S*（导点），所形成的曲面称为锥面，如图 2-1-17a 所示。定点称为锥顶，曲导线可以闭合，也可以不闭

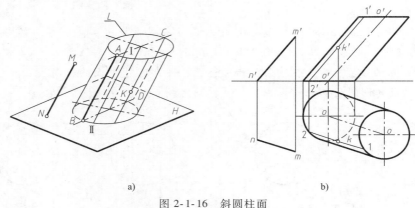

a) b)

图 2-1-16 斜圆柱面

a) 形成 b) 投影图及柱面上的点

合。锥面上相邻两素线是相交的二直线。因此，锥面是可展曲面。

2）锥面的投影：画出曲导线 L 的投影和锥顶 S 的投影；画锥面对投影面的转向轮廓线，如图 2-1-17b 所示；若曲导线不闭合时，须画出起始、终止两直素线的投影；若曲导线是圆、椭圆时，还须画出轴线。

3）锥面的投影的可见性：可根据锥面对投影面的转向线判定。

4）表面取点：采用素线法；底面是圆时也可用纬圆法。

（3）双曲抛物面

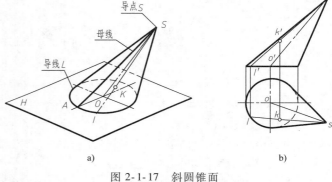

a) b)

图 2-1-17 斜圆锥面

a) 形成 b) 投影及锥面上的点

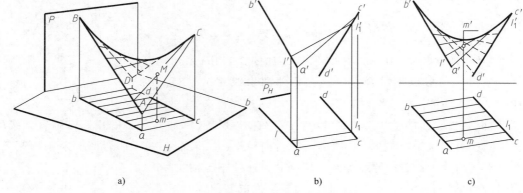

a) b) c)

图 2-1-18 双曲抛物面

a) 形成 b) 画导线、导平面和素线 c) 完成投影

1）形成：一直母线沿着两条交叉直导线 AB、CD 运动，且始终平行于一个导平面 P 而形成的曲面，称为双曲抛物面，如图 2-1-18a 所示。双曲抛物面上相邻两素线是交叉的二直

线。因此，双曲抛物面是不可展曲面。

2）投影：画出两直导线 AB、CD 的投影及导平面 P 的积聚投影（导平面铅垂面）；画一组平行于 P 面的直素线的投影，如图 2-1-18b、c 所示。

3）画曲面的转向线的投影，即画出各素线的公切线的 V 面投影——抛物线，如图 2-1-18c 所示。

4）表面取点：采用素线法。

（4）柱状面

1）形成：一直母线沿着两条曲导线 L_1、L_2 运动，且直母线始终平行于一个导平面 P 而形成的曲面，称为柱状面，如图 2-1-19a 所示。

2）投影：画出两条曲导线的投影及导平面 P 的积聚投影（通常导平面是投影面垂直面）；画一系列直素线的投影；画曲面的转向轮廓线的投影，如图 2-1-19b 所示。

3）表面取点：素线法。

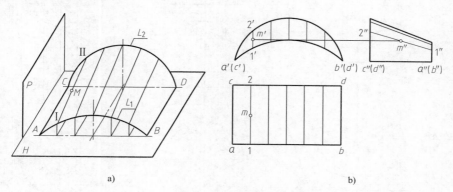

图 2-1-19 柱状面

a）形成 b）投影

（5）锥状面

1）形成：一直母线沿着一条曲导线 CDE（半圆）和一条直导线 AB 运动，且直母线始终平行于一个导平面 H 而形成的曲面，称为锥状面，如图 2-1-20a 所示。

2）投影：画出曲导线和直导线的投影及导平面的积聚投影（通常导平面是投影面垂直

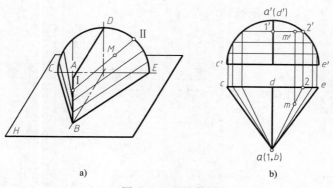

图 2-1-20 锥状面

a）形成 b）投影

面）；画一系列直素线的投影；画曲面的转向轮廓线的投影，如图 2-1-20b 所示。

3）表面取点：素线法。

（6）圆柱正螺旋面

1）平螺旋面

① 形成：一直母线的一端沿着一圆柱螺旋线 L 运动，而另一端沿着螺旋线的轴线 OO 做直线运动，且该直母线运动时，始终平行于垂直于轴线的导平面 H 面。所形成的曲面称为圆柱正螺旋面，如图 2-1-21a 所示。

② 投影：

a. 如图 2-1-21b 所示，画出直导线（轴线 OO）、曲导线（螺旋线 L）的 V、H 面投影。

b. 画出一组直素线的 V、H 面投影（图中为 12 等分）。素线的 V、H 面投影是过螺旋线的各等分点引到轴线的一组水平线投影。

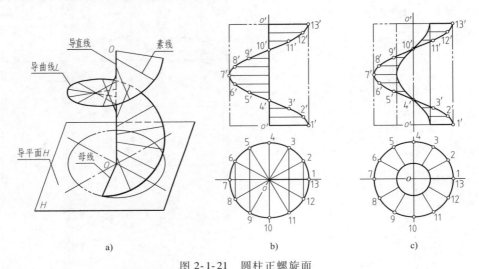

图 2-1-21 圆柱正螺旋面

a）螺旋面的形成 b）螺旋面的投影 c）大、小圆柱之间螺旋面的投影

c. 如图 2-1-21c 所示，螺旋面与一个同轴的小圆柱相交，其交线是一相同导程、相同旋向的螺旋线投影。

2）螺旋楼梯。若已知，螺旋楼梯的内、外圆柱的直径（d、D），导程（S），旋向（左旋或右旋），每一导程的步级数（n），每步高（S/n），梯板竖向厚（δ）。可画出螺旋楼梯的投影。

① 分析：螺旋楼梯的每一步级由等大的一个扇形踏面（平行于 H 面）和一个矩形踢面（垂直于 H 面）组成，螺旋楼梯的内、外表面为圆柱面（垂直于 H 面），底面为平螺旋面，如图 2-1-22 所示。

② 投影：

画 H 面的投影：

a. 在 H 面上以 d、D 为直径画同心圆，即画螺旋楼梯的内、外圆柱面的积聚投影。

b. 等分大圆周为 n 等分（本例为 12 等分），并将等分点按右旋方向顺序编号（1、2、…），过这些等分点向圆心连线与小圆相交，得螺旋楼梯踢面的积聚投影。内、外圆间

的扇形面，即为各踏面在 H 面的实形投影，
如图 2-1-23a 所示。

画 V 面投影：

a. 在 V 面上画出大圆柱一个导程高的投
影，并等份为 n 等分（本例为 12 等分），将
等分点由下向上顺序编号（1、2、…），如
图 2-1-23a 所示。

b. 由 H 面投影的等分点向上引线与 V 面
投影对应的等分点相交，画出踢面（矩形）、
踏面（水平线）的投影。轴线左边的踢面、
踏面不可见，画为虚线，如图 2-1-23a、b
所示。

c. 可见性判断：前半的外柱面可见，后
半的内柱面可见；右旋时，轴线左侧底面
（螺旋面）可见，左旋时，轴线右侧底面可
见；右旋时，轴线右侧踢面可见，左旋时，
轴线左侧踢面可见；因此，底面与外圆柱相
交的螺旋线可见的是一圈螺旋线的上 3/4 段；底面与内圆柱相交的螺旋线可见的是一圈螺旋
线的下 3/4 段。如图 2-1-23c 所示。

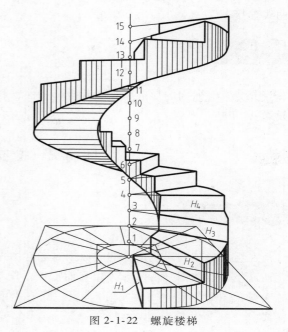

图 2-1-22　螺旋楼梯

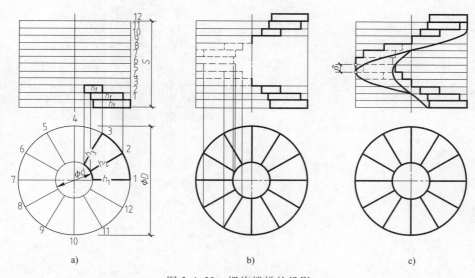

图 2-1-23　螺旋楼梯的投影

a）等分圆和导程为 12 等分，作出螺旋体的踢面、踏面　b）完成螺旋
梯踢面、踏面，左边画为虚线　c）加梯板厚度，作螺旋面

d. 画底面上的可见螺旋线。画外螺旋线：由踢面和踏面与外圆柱面的交点向下量取梯
板竖向厚度 δ，确定外螺旋线上 3/4 段的点，并用光滑的曲线连接。画内螺旋线：由踢面和
踏面与内圆柱面的交点向下量取梯板竖向厚度 δ，确定内螺旋线下 3/4 段的点，并用光滑的

曲线连接。

充分掌握曲面的形成原理及其投影特性，利用曲面投影中素线、纬圆来求解曲面上点的投影。

任务2　截交线的绘制

在组合形体和建筑形体的表面上，经常出现一些交线。这些交线有些是由平面与形体相交而产生，有些则是由两形体相交而形成。图 2-2-1a 所示的屋顶是由平面立体相交而形成的交线；图 2-2-1b 所示的圆顶房屋，既有平面与形体的交线，又有两形体相交而形成的交线。

a)   b)

图 2-2-1　截交、相贯建筑物实例图

a）版纳民居　b）巴黎博览会（1878 年）

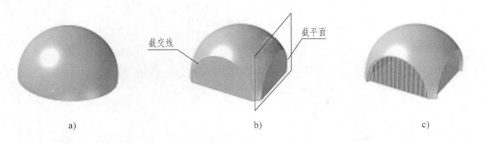

a)   b)   c)

图 2-2-2　截交线

a）未截前的球壳屋面　b）被平面截割后的形状　c）球壳屋面

基本形体若被一个或数个平面截切，则形成不完整的基本形体。假想用来截割形体的平面，称为截平面。截平面与形体表面的交线称为截交线。截交线围成的平面称为截断面，如图 2-2-2 所示。

有些建筑形体或零件是由两个相交的基本形体组成的。相交形体的表面交线称为相贯线。两形体相交，可以是平面体相交，如图 2-2-3a 所示，平面体与曲面体相交，如图 2-2-3b 所示，以及曲面体与曲面体相交，如图 2-2-3c 所示。

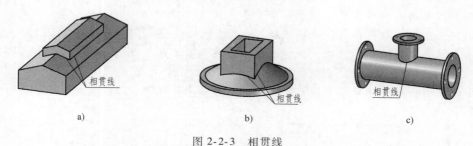

a)　　　　　　　　b)　　　　　　　　c)

图 2-2-3 相贯线

a）两平面体相交　b）平面体与曲面体相交　c）曲面体与曲面体相交

2.2.1 平面立体截交线

平面截割平面体所得的截交线，是一条封闭的平面折线——多边形，为截平面和形体表面所共有。如图 2-2-4 所示，平面 P 截割三棱锥 S-ABC，截交线为三角形 Ⅰ Ⅱ Ⅲ。多边形的各边为截平面和立体相应棱面的交线，多边形的顶点是截平面与立体相应棱线的交点。因此，求平面体上截交线的方法，可根据具体情况选用求棱面与截平面的交线或求棱线与截平面的交点或两者兼用等方法。

【例 2-2-1】 求正垂面 P 与三棱锥 S-ABC 的截交线的投影，如图 2-2-4 所示。

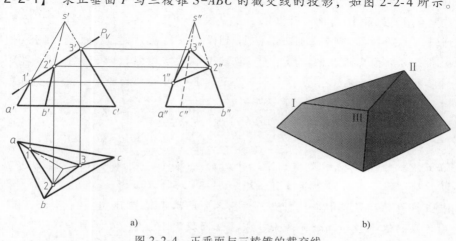

a)　　　　　　　　b)

图 2-2-4 正垂面与三棱锥的截交线

任务分析：

由图 2-2-4 可知，P 面与有三棱的三个面相交，交线为三角形。该三角形的三个顶点是棱线 SA、SB、SC 与 P 面的交点 I、II、III。截交线的正面投影必在 P 面有积聚性的正面投影上。

实施步骤：

P 面为正垂面，利用 P_V 可直接得到各棱线与 P 面交点的正面投影 $1'$、$2'$、$3'$，直线 $1'2'3'$ 即为截交线的正面投影。然后，利用点线从属关系，由 $1'$、$2'$、$3'$，在各棱线的水平投影和侧面投影上分别求出截交线各顶点的水平投影 1、2、3 和侧面投影 $1''$、$2''$、$3''$。依次连接各顶点的同面投影，即得截交线的水平投影 △123 和侧面 △$1''2''3''$。部分棱线 S I、S II、S III 均被切去，不应画出它们的投影，但可以用细双点画线表示，如图 2-2-4a 所示。

【例 2-2-2】 求带切口的五棱柱的投影，如图 2-2-5 所示。

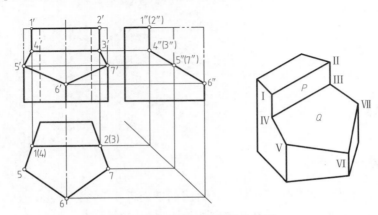

图 2-2-5 带切口的五棱柱投影

任务分析：

图 2-2-5 中带切口五棱柱被正平面 P 和侧垂面 Q 截切而成。截交线由五棱柱与 P 面的交线 I II III IV 和与 Q 面的交线 III IV V VI VII 以及 P、Q 两平面的交线 III IV 所组成。其中点 V、VI、VII 是 Q 平面与棱线的交点；I IV、II III 是 P 平面与棱面的交线。

由于截交线 I II III IV 在正平面 P 上，水平投影积聚成直线段 1（4）2（3），侧面投影积聚成直线段 $1''2''3''4''$。而截交线 III IV V VI VII 属于五棱柱的棱面，也属于侧面垂面 Q，水平投影积聚在五棱柱棱面的水平投影上，侧面投影积聚成直线段 $4''$（$3''$）$5''$（$7''$）$6''$。作图时只要分别求出五棱柱上点 I、IV、V、VI、VII、III、II 的三面投影，然后按相关顺序连接这些点的同面投影即可。

实施步骤：

（1）画出五棱柱的三面投影。

（2）在五棱柱的侧面投影上作出 P、Q 面的投影（积聚成两条直线段），标出点 I、II、IV、III、V、VII、VI 的侧面投影 $1''$、$2''$、$4''$、$3''$、$5''$、$7''$、$6''$。

（3）在五棱柱的积聚性水平投影上，作出各点的水平投影 1、4、2、3、5、6、7。

（4）由各点的水平投影和侧面投影，求出正面投影 $1'$、$2'$、$4'$、$3'$、$5'$、$7'$、$6'$。

（5）在各投影中，按点 I、IV、V、VI、VII、III、II、I 的顺序，连接诸点的同面投影。

（6）画出 P、Q 两平面交线 Ⅳ Ⅲ 的三面投影。五棱柱被切去部分（即图中双点画线所示部分）不应画出投影。

2.2.2　曲面立体截交线

平面与曲面立体截交时，交线一般是由曲线、直线围成的封闭平面图形。曲面立体截交线上的每一点，都是截平面与曲面体表面的一个共有点。当截平面的投影有积聚性时，截交线的投影就积聚在截平面有积聚性的同面投影上，可利用曲面表面上取点、线的方法求截交线。

1. 圆柱的截交线

平面与圆柱相交，根据截平面与圆柱轴线不同的相对位置，圆柱上的交线有圆、椭圆、矩形三种形状。曲面立体截交线见表 2-2-1。

表 2-2-1　平面与圆柱的交线

位置	截平面平行于轴线	截平面垂直于轴线	截平面倾斜于轴线
立体图			
投影图			

【例 2-2-3】　如图 2-2-6a 所示，已知圆柱和截面 P 的投影，求截交线的投影。

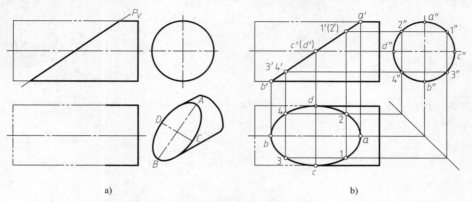

a)　　　　　　　　　　　b)

图 2-2-6　圆柱上截交线椭圆的作图步骤

a）平面截圆柱的已知条件　b）求作截交线

任务分析：

圆柱轴线垂直于 W 面，截平面 P 为正垂面，与圆柱轴线斜交，交线为椭圆。椭圆的长轴平行于 V 面，短轴垂直于 V 面。椭圆的 V 投影成为一直线段与 P_V 重影。椭圆的 W 投影，落在圆柱的 W 面积聚投影上而成为一个圆，只须作图求出截交线的 H 投影。

实施步骤：

1）求特殊点：即求长、短轴端点 A、B 和 C、D。P_V 与圆柱最高、最低素线的 V 投影的交点 a'、b'，即为长轴端点 A、B 的 V 投影，P_V 与圆柱最前、最后素线的 V 投影的交点 c'、(d')，即为短轴 C、D 的 V 投影。据此求出长、短轴端点的 H 投影 a、b、c、d，如图2-2-6b所示。

2）求一般点：为使作图准确，需要再求截交线上若干个一般点，例如在截交线 V 投影上任取点 $1'$，如图2-2-6b所示，据此求得 W 投影 $1''$ 和 H 投影 1。由于椭圆是对称图形，可作出与点1对称的点2、3、4的各投影。

3）判别可见性：光滑连点成线，截交线上各点的水平投影均可见，按侧面投影上各点的顺序，在 H 投影上顺次连接 a-1-c-3-b-4-d-2-a 各点，即为椭圆形截交线的 H 投影。

4）整理轮廓线：圆柱被截去部分不应绘出轮廓素线的投影，所以正面投影中点 a'、b' 和水平投影点 c、d 以左部分不应画轮廓线，但也可用假想轮廓线即双点画线表示。

从任务中可以看到，截交线椭圆在平行于圆柱轴线但不垂直于截平面的投影面上的投影，一般仍是椭圆。椭圆长、短轴在该投影面上的投影，与截平面和圆柱轴线的夹角有关。当截平面与圆柱轴线的夹角小于 45° 时（图2-2-6），椭圆长轴的投影，仍为椭圆投影的长轴。而当夹角大于 45° 时，椭圆长的投影，变为椭圆投影的短轴。当等于 45° 时，椭圆的投影成为一个与圆柱底圆相等的圆。读者可自行作图。

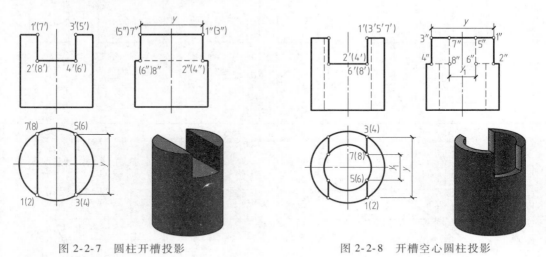

图2-2-7　圆柱开槽投影　　　　　图2-2-8　开槽空心圆柱投影

【例2-2-4】　求圆柱开槽的投影，如图2-2-7所示。

任务分析：

圆柱开槽是由三个平面截切圆柱而成。其中有两个平面是平行于圆柱轴线的侧平面，截交线是四段平行于圆柱轴线的直线段12、34、56、78；另一个截平面是垂直于圆柱轴线的水平面，截交线是两段圆弧24和68。三个截平面之间，两个平面分别与水平面相交，其交线为正垂线28、46。

实施步骤：

1）作出截交线的正面投影和水平投影。正面投影积聚为三条直线段 1′2′（7′8′）、3′4′（5′6′）和 2′4′（8′6′）；水平投影为直线段 17（28）、35（46）及两段圆弧 24、86。

2）求截交线的侧面投影。由截交线上各点的正面投影和水平投影分别求出侧面投影 1″、2″、3″、4″、5″、6″、7″、8″，连接线段 1″2″（3″4″）、7″8″（5″6″），即为两个侧面与圆柱截交线的侧面投影；水平面与圆柱截交线的侧面投影是由 2″向前、8″向后画至圆柱轮廓的直线段；两截面交线的侧面投影是直线段（2″8″）（4″6″）。

3）判别可见性，整理轮廓线。截平面交线的侧面投影被左半圆柱面挡住，为不可见，（2″8″）（4″6″）应画成虚线。应特别注意的是：在水平截平面以上被截去的圆柱侧面投影轮廓线不应画出。

在圆柱上切口、开槽、穿孔是建筑形体中常见的结构。图 2-2-8 所示是空心圆柱开槽的投影，其外圆柱面上的截交线的画法与图 2-2-7 相同；内圆柱表面上也会产生截交线，其画法与外圆柱面截交线的画法类似，但侧面投影中，除外围轮廓线以外均不可见，应画成虚线。圆柱孔的轮廓均不可见，应画成虚线，侧面投影中被截去的轮廓线不应画出。

2. 圆锥的截交线

当平面与圆锥截交时，根据截平面与圆锥轴线不同的相对位置，可产生五种不同形状的截交线，见表 2-2-2。

平面截割圆锥所得的截交线有圆、椭圆、抛物线、双曲线等四种曲线。它们统称为圆锥曲线。当截平面垂直于正圆锥面的轴线时，截交线为圆周；截平面与圆锥面的轴线倾斜，且 $\alpha > \beta$ 时，截交线为椭圆；截平面平行于圆锥面的一条素线，即 $\alpha = \beta$ 时，截交线为抛物线；截平面倾斜于轴线，且 $\alpha < \beta$，或平行于轴线（$\alpha = 0°$）时，截交线为双曲线。截平面通过锥顶，截交线为通过锥顶的两条相交直线，即圆锥的两条素线。

作圆锥曲线的投影，实质上也是一个锥面上定点的问题。用素线法或纬圆法，求出截交线上若干点的投影后，依次连接起来即可。

表 2-2-2　平面与圆锥面相交的基本形式

截平面的位置	垂直于轴线	倾斜于轴线 $\alpha > \beta$	倾斜于轴线 $\alpha = \beta$	平行于轴线	过锥顶
截交线	圆	椭圆	抛物线	双曲线	两条素线
立体图	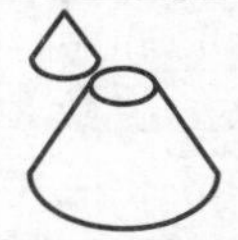	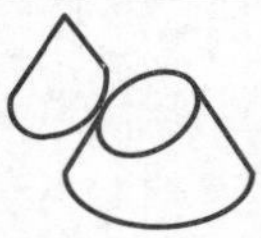	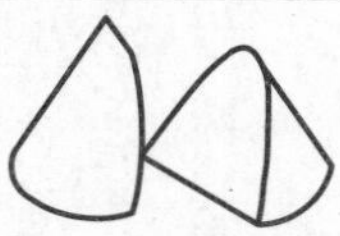		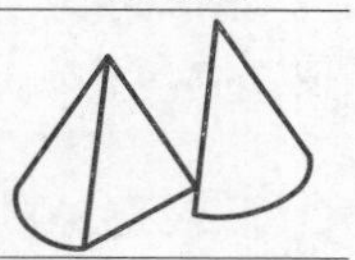
投影图	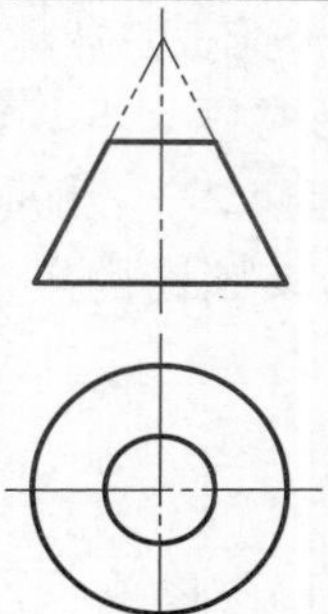	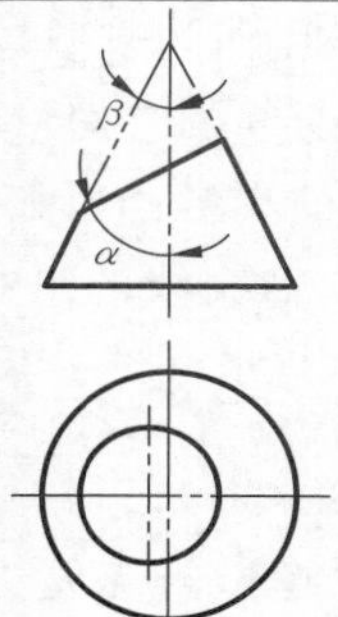	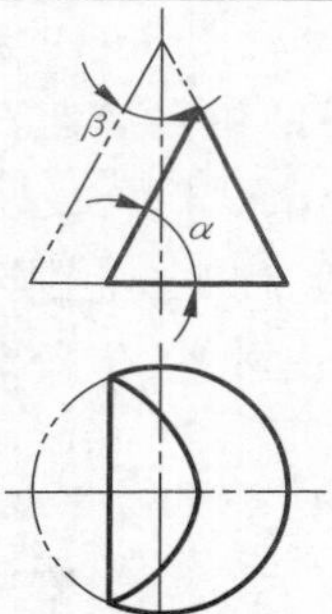	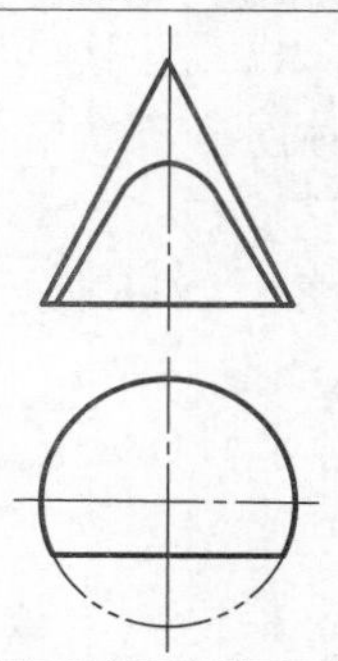	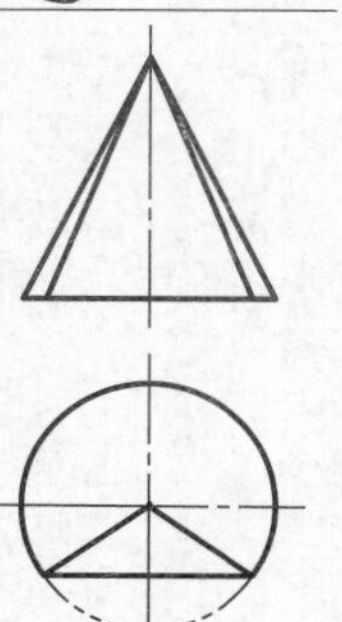

【例2-2-5】 已知圆锥和截平面 P 的投影，求截交线的投影，如图2-2-9所示。

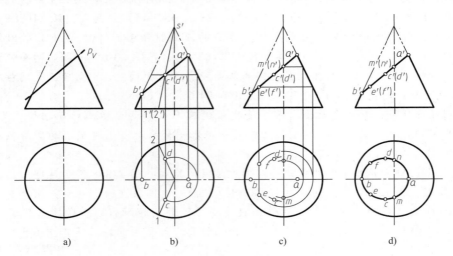

图2-2-9 圆锥上截交线的作法

任务分析：

由图2-2-9a可知，P 面为正垂面。P 面与圆锥的所有素线相交，截交线为椭圆。P 面与圆锥最左最右素线的交点，即椭圆长轴的端点 A、B。椭圆短轴 CD 垂直于 V 面，且垂直平分 AB。截交线的 V 投影重合在 P 上，H 投影仍为椭圆。椭圆的长短轴仍投影为椭圆投影的长短轴。

实施步骤：

1）求特殊点。在 V 投影上，P 与圆锥的 V 投影轮廓的交点，即为长轴端点 A、B 的 V 投影 $a'b'$，就是投影椭圆的长轴。椭圆短轴 CD 的 V 投影 c'（d'）必积聚在 $a'b'$ 的中点。过 C、D 作纬圆，或作素线 $S1$、$S2$ 求出 C、D 的 H 投影 c，d，如图2-2-9b所示。

2）求一般点。用纬圆法求最前、最后素线与 P 面的交点 M、N 和一般点 E、F 的 H 投影 m、n 和 e、f（图2-2-9c）。

3）连点。在 H 投影中依次连接 a–n–d–f–b–e–c–m–a 各点，即得到椭圆的 H 投影，如图2-2-9d所示。

3. 圆球的截交线

图2-2-10所示是某网球馆的透视图，它的球壳屋面的造型是用平面截割球体形成的。

平面截割球体时，不管截平面的位置如何，截交线的空间形状总是圆。当截平面平行于投影面时，圆截交线在该投影面上的投影，反映圆的实形；当截平面倾斜于投影面时，投影为椭圆。例如，图2-2-11所示截平面 R 是正平面，截交线的 V 投影反映圆的实形，圆的直径可在 H 投影中量得，即 cd。截交线的 H 投影为一水平线，W 投影为一铅直线，分别与 R_H、R_W 重合（图2-2-11）。

【例2-2-6】 如图2-2-12a所示，已知球被正垂面截去左上方，补画球被截后的水平投影。

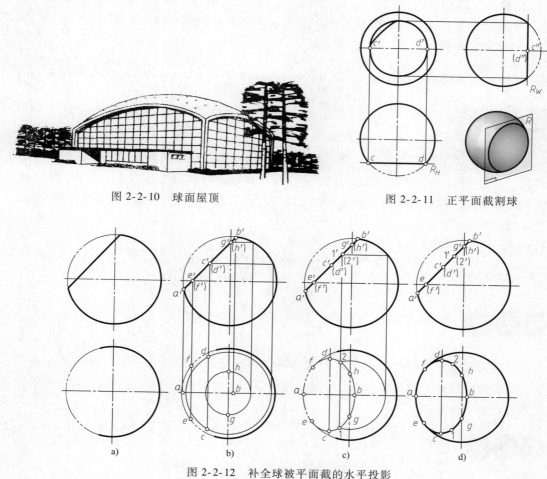

图 2-2-10　球面屋顶

图 2-2-11　正平面截割球

图 2-2-12　补全球被平面截的水平投影

a）已知条件　b）求特殊点　c）求一般点　d）作图结果

任务分析：

截平面为一正垂面，所以截交线为一个正垂圆，它的正面投影为直线，反映圆的直径的真长，即图 2-2-12a 中正面投影中的粗直线。H 面投影为椭圆，正垂圆只有一条处于正垂线位置的直径（即 CD）平行于水平面，其水平投影为椭圆的长轴，而另一条与它垂直的直径（AB），其水平投影是短轴。由于截交线水平投影为非圆曲线，可用球面上找点的方法先求出截交线上的特殊点 A、B、C、D、E、F、G、H 的投影，然后用同样的方法求一两个一般点的投影，如 I、II 点。之后把它们连成光滑的曲线并判别可见性，从图可知，截交线的水平投影都可见，所以要画成粗实线。最后补画转向轮廓线并加粗。

实施步骤：

1）求特殊点的水平投影，如图 2-2-12b 所示，椭圆短轴 A、B 点及特殊点 E、F 的水平投影 a、b、e、f 可直接找到，而长轴 C、D 点和特殊点 H、G 用纬圆法可得水平投影 c、d、h、g。

2）根据作图的需要，可在不好连线的地方用纬圆法求一两个一般点，如图 2-2-12c 中的 1′、2′点水平投影 1、2 点。

3）如图 2-2-12d 所示，将 a、e、c、1、g、b、h、2、d、f、a 连成截交线圆的水平投影，由于水平投影是可见的，画成粗实线。球的水平投影的转向轮廓线只有 e、f 右边的部分有，把这部分补画好。

作图结果如图 2-2-12d 所示。

平面截割平面体所得的截交线，是一条封闭的平面折线——多边形，为截平面和形体表面所共有；平面与曲面立体截交时，交线一般是由曲线、直线围成的封闭平面图形，曲面体截交线上的每一点，都是截平面与曲面体表面的一个共有点。截交线的绘制，即利用曲面上点投影的原理来求共有点。

任务3　立体的相贯线绘制

任务分析

大部分建筑形体是由两个或两个以上的基本形体相交组成的。两相交的形体称为相贯体，它们的表面交线称为相贯线。相贯线是两形体表面的公有线。相贯线上的点即为两形体表面的共有点。

相关知识

2.3.1　两平面立体的相贯线

求两平面立体相贯线的方法通常有两种：一种是求各侧棱对另一形体表面的交点，即求直线与平面的交点，然后把位于甲形体同一侧面又位于乙形体同一侧面上的两点，依次连接起来。另一种是求一形体各侧面与另一形体各侧面的交线，即求平面与平面的交线。

求出相贯线后，还要判别可见性。判别原则是：只是位于两形体都可见的侧面上的交线，才是可见的。只要有一个侧面不可见，面上的交线就不可见。

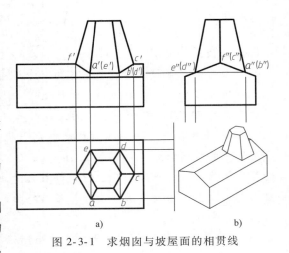

图 2-3-1　求烟囱与坡屋面的相贯线

【例 2-3-1】　已知六棱台烟囱与屋面的投影，求作它们的交线，如图 2-3-1 所示。

任务分析：

烟囱的六条侧棱均与屋面相交，且相贯线前后对称，如图 2-3-1 所示。可利用屋面的 W 投影的积聚性，直接求得相贯线的 V 投影和 H 投影。而烟囱侧棱与屋脊线的交点 C、F 可根据点在直线上的特点直接求出。

实施步骤：

由于坡屋面的侧面投影有积聚性，利用积聚性，根据 W 投影可直接求得烟囱前后侧面与坡屋面的交线 AB、ED 的 V 投影和 H 投影。再求烟囱侧棱与屋脊线的交点 C、F，连成相贯线 ABCDEFA。它的 H 投影全部可见，V 投影前后重合，如图 2-3-1a 所示。图 2-3-1b 所示为立体图，方便分析。

如果没有给出 W 投影，可利用求直线与平面交点的方法求 A、B 两点的投影，其他同上。请试做。

【例 2-3-2】 求四棱柱与三棱锥相交的交线，如图 2-3-2 所示。

任务分析：

根据正面投影可看出，四棱柱的四条棱线都穿过棱锥，所以两立体为全贯，其交线为两条封闭的折线。前面一条为空间折线，是四棱柱与三棱锥棱面 SAB 及 SBC 相交所产生，后面一条是平面折线，是四棱柱与三棱锥棱面 SAC 相交所产生，且各折线的端点在棱线上。由于四棱柱的四个棱面在正面有积聚性，所以交线的正面投影就积聚在这些线上。而且四棱柱的四个棱面都平行水平面或侧平面，所以交线的各线段均为水平线或侧平线，可用平面与平面相交求交线的办法求出。

实施步骤：

1）求四棱柱上下两水平棱面 与三棱锥各棱面的交线。由于水平棱面与三棱锥的底面平行，所以它们与三棱锥各棱面的交线也分别与各底边平行，用在棱面上作平行于底边的辅助线方法求各棱面的交线。如求 SAB 面与四棱柱上水平棱面的交线 1 2，先在 SAB 的正面投影 s′a′b′过 1′作辅助线平行于 a′b′，求出辅助线的水平投影从而得交线的水平投影 12，根据投影规律得交线的侧面投影 1″2″。其他棱面的交线的水平投影 23、45、67、78、910 及侧面投影 2″3″、4″5″、6″7″、7″8″、9″10″类似求出。

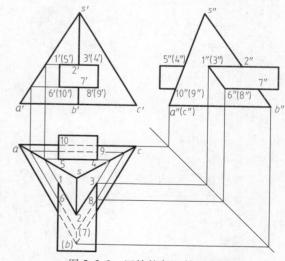

图 2-3-2 四棱柱与三棱锥相交

2）求四棱柱左右两侧平棱面与三棱锥各棱面的交线。由于各交线的端点已在上面求出，所以连接各端点就的交线的水平投影 16、38、49、510 及侧面投影 1″6″、3″8″、4″9″、5″10″。

3）判别交线的可见性。在水平投影中，由于三棱锥各侧棱面及棱柱上棱面都可见，所以交线 12、23、45 都可见，画成粗实线。但棱柱下棱面不可见，所以交线 67、78、910 不可见，画成虚线。侧面投影的不可见交线与可见交线重合，虚线不用画出。

4）检查棱线的投影，并判别其可见性。因为两立体相交后成为一个整体，所以棱线 *SB* 在交点 2、7 之间应该没线，同理，四棱柱的四条棱线也一样，在各自的交点间也没线。棱线 *ab*、*bc*、*ca* 被四棱柱挡住的部分应该是虚线，如图 2-3-2 水平投影所示。

2.3.2　平面体和曲面体的相贯线

平面体与曲面体相交时，相贯线是由若干段平面曲线和直线所组成的。各段平面曲线或直线就是平面体上各侧面与曲面体相交所得的交线（截交线）。每一段平面曲线或直线的转折点就是平面体的侧棱与曲面体表面的交点。因此，求平面体与曲面立体的交线可以归结为两个基本问题，即求平面与曲面的交线（截交线）及直线与曲面的交点。作图时，先求出这些转折点，再根据求曲面体上截交线的方法，求出每段曲线或直线。

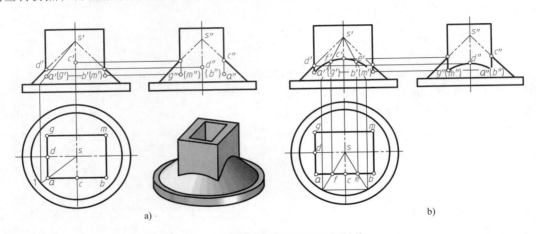

图 2-3-3　求圆锥薄壳基础的相贯线
a）求转折点和最高点　b）求一般点，连点

任务：给出圆锥薄壳基础的主要轮廓线，求作相贯线，如图 2-3-3a 所示。

任务分析：

由于四棱柱的四个侧面平行于圆锥的轴线，所以相贯线是由四条双曲线组成的空间闭合线。四条双曲线的连接点，就是四棱柱的四条侧棱与锥面的交点。相贯线的 *H* 投影与四棱柱的 *H* 投影重合。

实施步骤：

1）求特殊点。先求相贯线的转折点，即四条双曲线的连接点 *A*、*B*、*M*、*G*。可根据已知的四个点的 *H* 投影，用素线法求出其他投影。再求前面和左面双曲线最高点 *C*、*D*，如图 2-3-3a 所示。

2）同样用素线法求出两对称的一般点 *E*、*F* 的 *V* 投影 *e′*、*f′*，如图 2-3-3b 所示。

3）连点。*V* 投影连接 *a′-f′-c′-e′-b′*，*W* 投影连接 *a″-d″-g″*，如图 2-3-3b 所示。

4）判别可见性，相贯线的 *V*、*W* 投影都可见。相贯线的后面和右面部分的投影，与前面和左面部分重影。

2.3.3　两曲面立体的相贯线

两曲面立体的相贯线，一般是封闭的空间曲线。此类相贯线在建筑形体中常常会遇到，组成相贯线的所有点，均为两曲面立体表面的共有点。因此求相贯线时，要先求出一系列的共有点，然后用曲线板依次连接所求各点，即得相贯线。求共有点时，应先求出相贯线上的特殊点，即最高、最低、最左、最右、最前、最后及转向轮廓线上的点等，然后再求出其上的一般位置点。

求两曲面立体的相贯线方法：

1. 表面取点法

相交两曲面立体，如果有一个投影具有积聚性，就可以利用该曲面的积聚集投影作出两曲面的一系列共有点，然后连成相贯线。因为如果有一个曲面的某投影具有积聚性，相贯线在此投影面上的投影就已知，求相贯线的其余投影，实质就是根据这一已知投影在另一立体的表面取点。

【例 2-3-3】　已知两半圆柱屋面相交，求它们的交线，如图 2-3-4 所示。

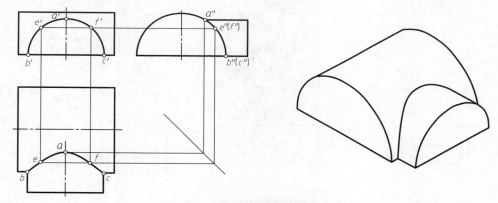

图 2-3-4　半圆柱屋面相交的相贯线

任务分析：

由图 2-3-4 可知：屋面的大拱是半圆柱面，小拱也是半圆柱面。前者素线垂直于 W 面，后者素线垂直于 V 面，两拱轴线相交且平行于 H 面。相贯线是一段空间曲线，其 V 投影重影在小圆柱的 V 投影上，W 投影重影在大拱的 W 投影上，H 投影的曲线，可通过求出相贯线上一系列的点而作出。

实施步骤（图 2-3-4）：

1）求特殊点。最高点 A 是小圆柱最高素线与大拱的交点，最低、最前点 B、C（也是最左、最右点），是小圆柱最左、最右素线与大拱最前素线的交点。它们的三投影均可直接求得。

2）求一般点 E、F。在相贯线 V 投影的半圆周上任取点 e' 和 f'。e''、(f'') 必在大拱 W 积聚投影上。据此求得 e、f。

3）连点并判别可见性。在 H 投影上，依次连接 $b-e-a-f-c$，即为所求。由于两半圆柱屋面的 H 投影均为可见，所以相贯线的 H 投影为可见，画成实线。

正交两圆柱体的相贯线，是最常见的相贯线，应熟悉它的画法。其相贯线一般有图 2-3-5 所示的三种形式：

1）图 2-3-5a 所示为小的圆柱全部贯穿大的实心圆柱，相贯线是上下对称的两条闭合的空间曲线。

2）图 2-3-5b 所示为圆柱孔全部贯穿实心圆柱，相贯线也是上下对称的两条闭合的空间曲线，且就是圆柱孔壁的上下孔口曲线。

3）图 2-3-5c 所示为相贯线是长方体内部两个圆柱孔的孔壁的交线，同样也是上下对称的两条闭合的空间曲线。

由图中可以看出：在三个投影图中所示的相贯线，具有同样的形状，且这些相贯线投影的作图方法也是相同的。

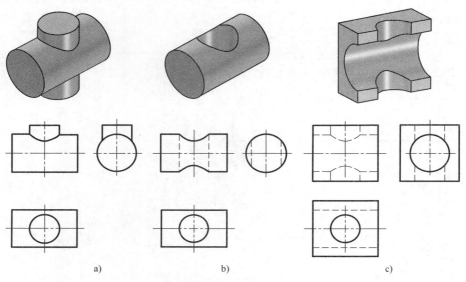

图 2-3-5　两圆柱体相贯的三种形式

a）两实心圆柱相交　b）圆柱孔与实心圆柱相交　c）与两圆柱孔相交

2. 辅助面法

求解两曲面立体相贯线的另一种方法是辅助平面法。设有甲、乙两曲面体相贯，根据三面共点原理，作适当的辅助面，分别与甲、乙两立体相交，得到两条截交线。两截交线的交点即为相贯线上的点。同理，再作若干辅助面，求出更多的点，并依次连接起来，即为所求的相贯线。所选用的辅助面可以是平面，也可以是曲面（如球面），但应使辅助面截曲面体所得截交线的投影形状最为简单易画，例如圆、矩形、三角形等。

如图 2-3-6 所示，圆柱与圆锥相贯。图 2-3-6a 所示为用水平面 P 作辅助平面截两回转体，与圆柱和圆锥的截交线都是水平圆，在水平投影面上反映实形。在辅助平面 P 上这两组截交线的交点 Ⅰ、Ⅱ 即为相贯线上的点。

图 2-3-6b 所示为用过锥顶 S 的铅垂面 Q 作辅助平面截两回转体，截圆柱为素线 MN，截圆锥为素线 SL。在辅助平面 Q 上这两组截交线的交点 Ⅲ 为相贯线上的点。

当以平面为辅助面，两圆柱相贯时（图 2-3-7a），可选择平行于两圆柱轴线的截平面，

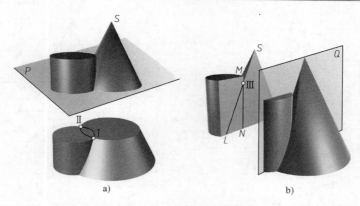

图 2-3-6　辅助截平面法求相贯线

a）用水平面作辅助面　b）用铅垂面作辅助面

使两截交线都是矩形。直立圆锥与水平圆柱相贯时（图 2-3-7b），可选择垂直于锥轴线又平行于柱轴线的水平截平面，使截交线为圆及矩形。球与圆柱相贯时（图 2-3-7c），可选择平行于投影面又平行于柱轴的截平面，使截交线为圆及矩形。

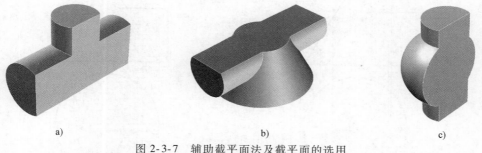

图 2-3-7　辅助截平面法及截平面的选用

a）同时平行两圆柱轴线　b）平行圆柱轴线垂直圆锥轴线　c）平行圆柱轴线和投影面

【例 2-3-4】　已知圆柱与圆锥的投影，如图 2-3-8a 所示，求作相贯线。

任务分析：

本题即图 2-3-6 所示圆柱与圆锥相交，可用水平面为辅助面，也可用过锥顶 S 的铅垂面为辅助面。下面为采用水平面为辅助面的作图方法。

实施步骤：

1）作辅助面 P_{V1} 与圆柱和圆锥相交，其交线都是水平圆，作出其水平投影，两圆相交于 1、2 点，这两点的正面投影 1′和 2′属于 P_{V1}，可由 1、2 点作投影连线求出，如图 2-3-8a 所示。

2）按相同方法继续作辅助面，但应注意选择能作特殊点的辅助面。为求得圆柱正视转向轮廓线上的点，先在水平投影图上选择一半径 R，以 s 为圆心，作圆使通过圆柱正视转向轮廓线的水平投影 3 点，再由半径 R 确定辅助面 P_{V2} 的位置，最后求出属于 P_{V2} 的 3′。3′点是区分相贯线正面投影可见与不可见部分的分界点。由 P_{V2} 还可求得另一点（4′，4′），如图 2-3-8b 所示。

3）最高位置的辅助面 P_{V3}，所截两圆应相切于一点。为准确定出 P_{V3} 的位置，先在水平投影图上以 $s5$ 为半径作圆与圆柱的水平投影图相交于点 5，再依此半径求出 P_{V3}，从而确定相贯线的正面投影最高点 5′。圆柱和圆锥底圆相交于 6、7 两点，则为相贯线的最低点，

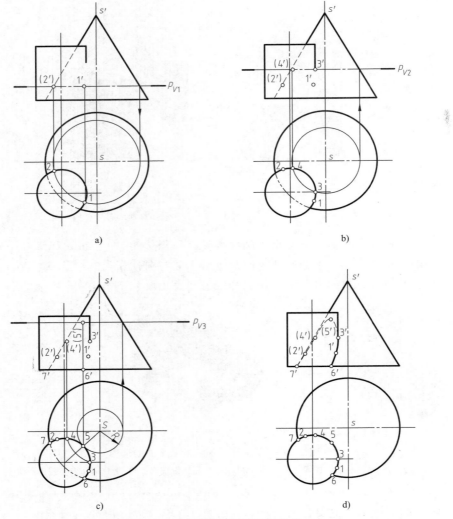

图 2-3-8　求圆柱与圆锥的相贯线

a）已知条件，求一段位置点的投影　b）求最右点的投影　c）求最高点的投影　d）连接各点，并判定可见性

如图 2-3-8c 所示。

4）将求得的各点依次连接，并判定可见性，相贯线只有当同时处于圆柱及圆锥的可见表面时，才属可见，这里，相贯线的正面投影，只有 6′-1′-3′ 为实线，其余为虚线。相贯线的水平投影与圆柱的水平投影重影，如图 2-3-8d 所示。

用过锥顶 S 的铅垂面为辅助面的方法，读者可自行分析作图。

2.3.4　相贯线的特殊情况

1）相贯两回转体的轴线重合时，称为同轴相贯，其相贯线为一垂直公共轴线的圆，如图 2-3-9 所示。

2）当相贯两二次曲面同时外切于一圆球面时，它们的相贯线为两相交的平面曲线。如

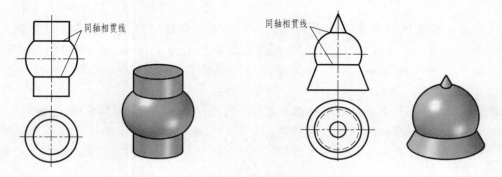

图 2-3-9 同轴线相贯

图 2-3-10 所示，轴线相交的两回转面，同时它们外切一个球面（球心为两轴线的交点），其相贯线为垂直于相交两轴线所决定的平面的椭圆。由于该相交两轴线决定的平面平行于正面，所以两椭圆垂直于正面，其正面投影积聚为直线。

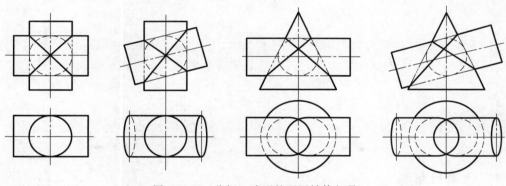

图 2-3-10 公切一球面的两回转体相贯

3）相贯两圆柱，其轴线相互平行时，两柱面的相贯线是两条直素线，如图 2-3-11 所示。共锥顶的两圆锥相贯时，两圆锥面的相贯线也是两条直素线，如图 2-3-12 所示。

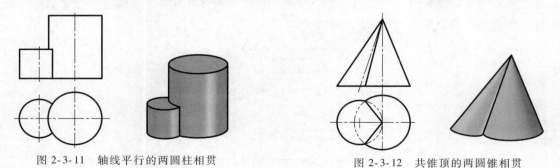

图 2-3-11 轴线平行的两圆柱相贯　　　　图 2-3-12 共锥顶的两圆锥相贯

两相交的形体称为相贯体，它们的表面交线称为相贯线。相贯线是两形体表面的公

有线。

求两平面体相贯线的方法通常有两种：一种是求各侧棱对另一形体表面的交点，即求直线与平面的交点，然后把位于甲形体同一侧面又位于乙形体同一侧面上的两点，依次连接起来。另一种是求一形体各侧面与另一形体各侧面的交线，即求平面与平面的交线。

曲面立体相贯线的绘制，是利用曲面上点投影的原理来求两相交形体上的共有点。

求出相贯线后，还要判别可见性。判别原则是：只有位于两形体都可见的侧面上的交线，才是可见的。只要有一个侧面不可见，面上的交线就不可见。相贯线上的点即为两形体表面的共有点。

任务 4 建筑形体的绘制及阅读

通过本任务主要学习建筑形体的一些基本表达方法，包括六面投影图、建筑形体的基本绘制与阅读方法、尺寸的标注等内容。理解与掌握这些内容，对于以后绘制和阅读工程图是极为重要的。

2.4.1 六面投影图

前面项目和任务中采用的是两面或三面投影来表达物体，但是对于比较复杂的工程形体或构筑物，用三面投影图仍不能较为清晰地表达出其形状，因此需要在原有三面投影体系基础上增加三个新的投影面，可得到一个六面投影体系。物体在此体系中向各个投影面作正投影时，所得到的六个投影图称为六面投影图。

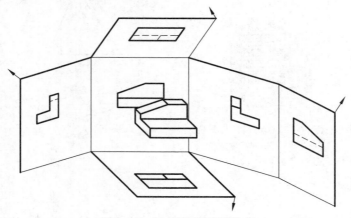

图 2-4-1 六面投影图的形成

如图 2-4-1 所示，是一物体的六面投影图。除前面介绍过的三投影图以外，还有：从右向左投影所得到的右侧立面图；从下向上投影所得到的底面图；从后向前投影所得到的背立面图。六个投影面的展开方法是：正立投影面仍保持不动，其他各投影面如图 2-4-1 所示，逐一展开在同一平面上。同三投影面体系的"长对正、宽相等、高平齐"的规律一样，各投影之间仍保持一定的投影关系。投影图的位置排列如图 2-4-2a 所示。每个投影图一般均应标明图名。图名宜标注在投影图的下方或一侧，并在图名下用粗实线绘一条横线，其长度应以图名所占长度为准。

如在同一张图纸上绘制若干个投影图时，各投影图的位置也可按图 2-4-2b 所示的顺序进行配置。

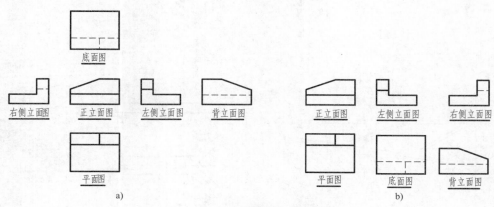

图 2-4-2 六面投影图的排列位置

2.4.2 建筑形体的绘制

建筑形体形状多样，有的简单，有的复杂。但复杂的建筑形体一般都可看成由棱柱、棱锥、圆柱、圆锥和球体等基本形体经过切割、叠加后组成的。因此，在绘制建筑形体的投影图时，可将一个复杂的建筑形体分解为若干个基本体，分析它们的组合方式，通过组合、切割基本体的投影，最终得到复杂形体的投影图。

1. 形体分析

如图 2-4-3 所示，肋式杯形基础可以将其分解成为：一个四棱柱底板、一个中间被挖去一倒四棱台的四棱柱和六块四棱柱切割体形成的梯形肋板。

2. 投影数量的选择

投影数量的选择实际就是确定视图的数量，其原则是：在保证能够完整、清晰、准确地表达出建筑形体各部分形状的前提下，尽量减少投影数量。

图 2-4-4 所示的晒衣架，选用一个 V 投影，即可说明其形状，如果再标注上尺寸和钢筋规格、数量就可用于施工了。图 2-4-5 所示的门轴铁脚，只需 H、V 两个投影就可表达清楚其形状，这时不需要画出 W 投影。图 2-4-6 所示的台阶，则需要三个投影图才能确定它们的形状。

当房屋立面较多或建筑形体形状复杂时，可采用四个、五个或更多的投影图，如图2-4-7所示。这些多面投影图可画在同一张图纸上，也可以把各投影图分开布置在几张图纸上。

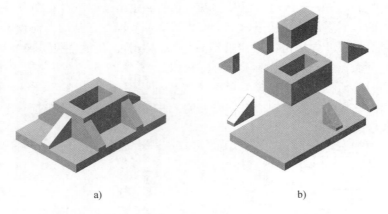

a)   b)

图 2-4-3　肋式杯形基础
a）立体图　b）形体分解

图 2-4-4　晒衣架   图 2-4-5　门轴

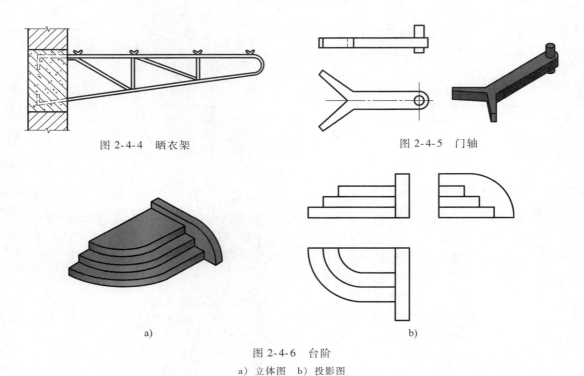

a)   b)

图 2-4-6　台阶
a）立体图　b）投影图

当表达建筑形体的梁、板、柱节点或顶棚构造时，若采用平面图只能画出虚线图形。这样看图不便，这时可采用镜像投影，在图名后注写"镜像"二字，如图 2-4-8 所示。

3. 正面投影的选择

如何选择形体的正面投影，其实就是如何确定形体在三面投影体系中的安放位置。在安放形体时应注意以下几点：

1）形体要按其习惯的、正常的、平衡稳重的位置摆放；同时，形体的主要表面应平行或垂直于投影面。

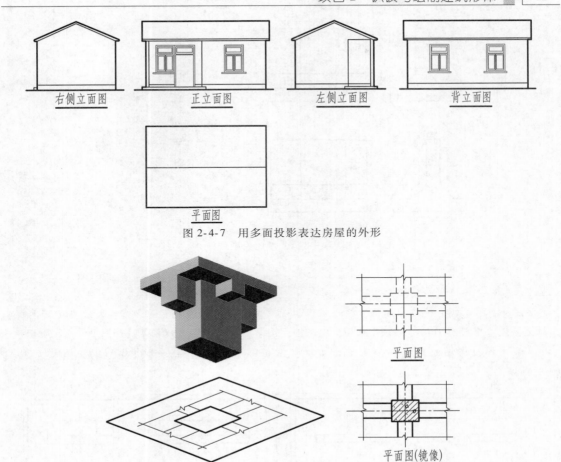

图 2-4-7　用多面投影表达房屋的外形

图 2-4-8　镜像投影

2）V 投影图应该能最大限度地反映出形体的外貌特征。对于建筑物常把反映房屋主要出入口及外貌特征明显的那一个立面选为正立面。

3）V 投影图应尽量避免出现虚线，或减少虚线。

图 2-4-9 为一挡土墙的投影及立体图。图 a、b 的正面投影都反映了挡土墙的外貌特征，但从它们的左侧立面图中可以看出：图 a 的虚线最少，而图 b 的虚线较多。因此图 a 的正立面选择较好，图 b 则较差。

【例 2-4-1】　确定并绘制如图 2-4-3 所示，肋式杯形基础的建筑形体的表达方案。

任务分析：

如图 2-4-3 所示对肋式杯形基础进行形体分析，要采用三个投影图才能表达清楚其形状，同时肋式杯形基础的 V 投影已最大限度地满足正面投影选择原则，而虚线无法避免，在不能完全满足以上几点时，只能避轻就重。

实施步骤：

1）选择适当的图幅、比例。有两种方法：一是先选择比例，结合确定的视图数量，得出各视图所需面积，再估计出尺寸、图名和视图间隔所需面积，由此定出图幅大小。二是先

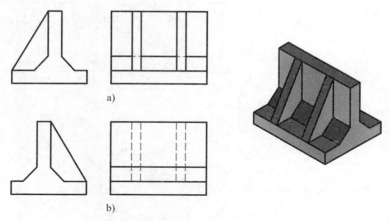

图 2-4-9　挡土墙的投影选择

a）好　b）不好

选图幅，再考虑以上因素，定出比例。

2）布置投影图。先画出图框、标题栏，明确图纸上可以画图的范围，然后大致安排好各视图的位置，使每个投影图在标注完尺寸后，图与图、图与图框的距离大致相等，如图 2-4-10a 所示。

3）画各投影图的底稿。依次画出四棱柱底板、中间四棱柱、六块梯形肋板和楔形杯口的三面投影，如图 2-4-10b、c 所示。

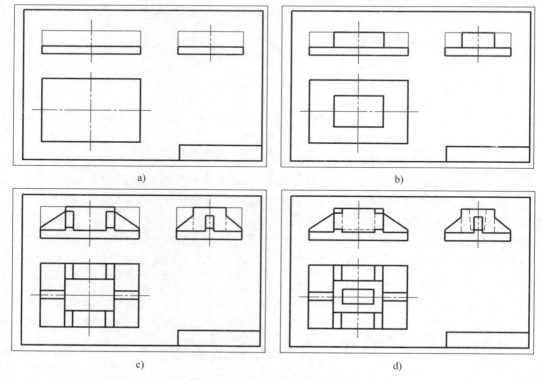

图 2-4-10　建筑形体的作图步骤

a）布图、画四棱柱底板　b）画中间四棱柱　c）画大块梯形肋板　d）画模型杯口，擦去底稿线，完成全图

4）加深图线。各投影图经检查无误后，按各类线宽要求进行加深，如图 2-4-10d 所示。

5）书写文字，如技术说明及标题栏内各项内容，完成全图。

2.4.3　建筑形体的尺寸标注

建筑形体的投影图，虽然已经清楚地表达出形体的形状和各部分的相互关系，但还必须注上足够的尺寸，才能明确形体的实际大小和各部分的相对位置，即物体的形状用视图表示，物体的大小、位置用尺寸决定，二者缺一不可。

在建筑形体中标注尺寸的基本要求是：尺寸要完整、清晰、正确，并遵守国家建筑制图标准中的有关规定。

1. 基本体的尺寸注法

由于复杂形体是由基本体组合而成，因此要掌握复杂形体的尺寸标注方法，首先应熟悉和掌握一些基本体的尺寸标注方法。如图 2-4-11 所示为基本体的尺寸标注的一些例子。

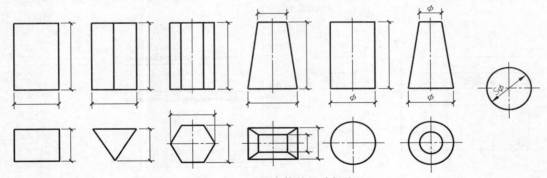

图 2-4-11　基本体的尺寸标注

2. 尺寸的组成

建筑形体的尺寸一般应标注下述三种尺寸：

（1）定形尺寸

定形尺寸是确定组成建筑形体的各个基本体的形状大小的尺寸（长、宽、高）。

（2）定位尺寸

定位尺寸是确定各基本形体在建筑形体中相对位置的尺寸。标注定位尺寸时应先选定尺寸基准，即标注定位尺寸的起始点。从选定的尺寸基准开始，直接或间接标注出各基本体的定位尺寸。

（3）总体尺寸

总体尺寸是确定建筑形体总长、总宽、总高的尺寸。

下面以涵洞口一字墙为例，详细说明尺寸标注的过程与步骤：

【例 2-4-2】　如图 2-4-12 所示，标注涵洞口一字墙的尺寸。

（1）进行形体分析，标注各部分的定形尺寸

如图 2-4-13a、b、c 所示，为了说明问题，将几个部分分别画出，并标上尺寸。但实际工作中，只需在整个投影图中标注即可。

（2）标注各部分的定位尺寸

墙身在基础顶面的中间，其左右两端的定位尺寸均为 250mm；墙身宽度方向的定位尺

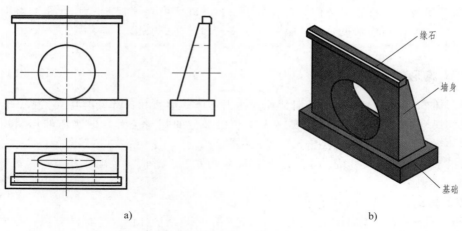

图 2-4-12 涵洞口一字墙的投影图及立体图

a) 投影图 b) 立体图

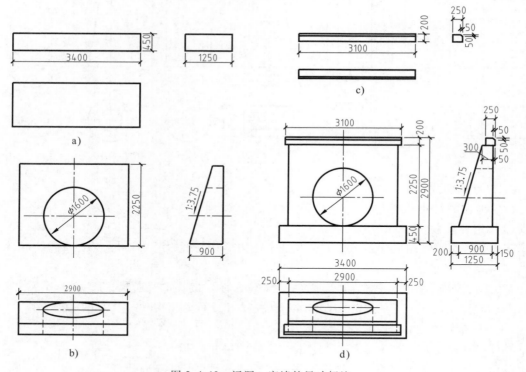

图 2-4-13 涵洞一字墙的尺寸标注

寸各为 200mm 和 150mm。缘石在墙身顶面，它沿墙身前面伸出的尺寸为 50mm，50mm 即为其定位尺寸，如图 2-4-13d 所示。

（3）标注总体尺寸

最后标注涵洞口一字墙的总长尺寸为 3400mm，总宽尺寸为 1250mm，总高尺寸为 2900mm，如图 2-4-13d 所示。

3. 尺寸的布置

尺寸的布置应清晰、整齐、便于读图。主要需注意以下几点：

1) 尺寸标注要明显，主要尺寸应尽量标注在最能反映形体特征的视图上，如图 2-4-13 和图 2-4-14 所示，大量的尺寸都集中标注在平面图、立面图上，部分尺寸标注在左侧立面图上，只是作为平面图、立面图上尺寸的补充标注。

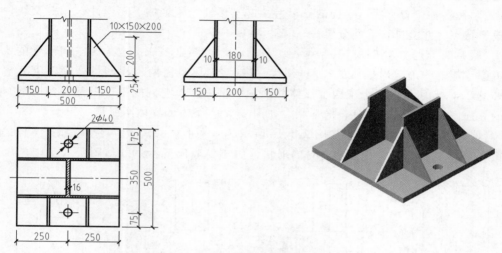

图 2-4-14 工字钢柱脚的尺寸标注

2) 尺寸标注要集中，同一基本体的定型、定位尺寸要尽量集中标注。如图 2-4-14 所示，螺栓孔的定型、定位尺寸都集中标注在了平面图中，这样更便于看图。

3) 尺寸布置要整齐，平行的尺寸线的间隔应大致相等；尺寸数字尽量写在尺寸线的中间位置；对同一方向的尺寸，大尺寸在外，小尺寸在里（靠近视图），以免尺寸线和尺寸界线交叉。

4) 保持视图清晰，尺寸应尽量标注在视图外面，少量尺寸可标在视图里面。如图 2-4-14所示，左视图投影中工字钢的定形尺寸 10mm、180mm、10mm 就可放到投影图中。

尺寸标注的其他问题请参阅项目一中的有关内容。

4. 尺寸标注的步骤

1) 在形体分析的基础上，确定主要标注尺寸的视图及视图中尺寸的所在位置。

2) 标注定形尺寸，首先找出组成建筑形体的各组成部分，如组成工字钢柱脚的底板、工字钢及肋板，然后再标注出各个组成部分定形尺寸。

3) 标注定位尺寸，先选择一个或几个基准面作标注起点。长度方向一般选择左侧面或者右侧面为基准面，宽度方向可选择前侧面或后侧面，高度方向一般以底面和顶面为标注起点。对于对称形体，还可用其对称线作长、宽的标注起点。

4) 检查复核尺寸。尺寸有无遗漏，尺寸数字是否正确无误，有无重复标注。

2.4.4 建筑形体的阅读

画图是由空间形体画出其视图的过程。读图是画图的逆过程，即根据视图想象出其空间形状的过程。阅读视图的方法主要是形体分析法，对于一些比较复杂的局部形状，采用线面分析法。要提高读图能力必须通过多画图、多读图的反复实践，才能增强对形体的空间想象能力，掌握读图规律，从而提高读图能力。

读图的基本知识：

1）掌握各种基本三视图的特点及规律，特别是"长对正、宽相等、高平齐"的关系，才能进行形体分析。

2）掌握各种位置直线、平面的投影特性（实形性、积聚性、相似性）及截交线、相贯线的投影特点，并能进行线面分析。

3）联系两个视图来读图。一般情况，只从一个视图是不能确定形体空间形状的。只有三个视图才能唯一确定出形体的空间形状。但有些形体只需两个视图也能确定出其空间形状，如图2-4-15所示，给出了四个形体立面图和平面图，它们的平面图都是相同的，结合各自的立面图，就能确定出各自的形状，如图2-4-15下方的立体图所示。

4）联系三个视图来读图，如图2-4-16所示的六个形体，其 H、V 投影都是一样的，只有联系各自的 W 投影，才能想出各自的形状，如图2-4-16右侧的立体图所示。

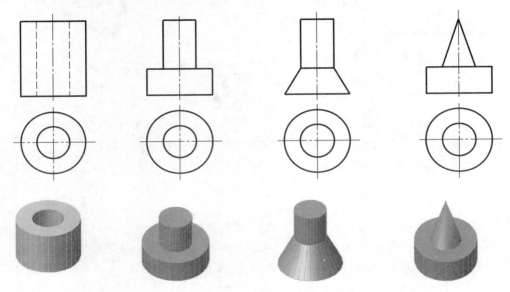

图2-4-15   根据两视图判断物体形状

读图方法主要指的是运用形体分析法和线面分析法进行读图。形体分析法是先根据视图间的位置关系，把组合体分解成一些基本体，并想象出各基本体的形状，再按各基本体的相对位置，组合得出组合体的形状，这种方法多用于叠加式组合体。线面分析法是根据组合体内、外表面的投影，并分析各表面的性质、形状和位置，从而想象出组合体的形状，这种方法常用于切割式组合体。对于较复杂的综合式组合体，先以形体分析法分解出各个基本体，再用线面分析法读懂难点。

阅读组合体的一般步骤是：首先，对组合体各个视图有个初步了解，大概想象出组合体的形状；然后，运用形体分析法、线面分析法对组合体各组成部分的投影进行阅读分析，想象出其准确的空间形状；最后，想象出组合体整体的形状，并根据所想形状与各视图对照验证，去伪存真，最终完成对组合体的阅读。

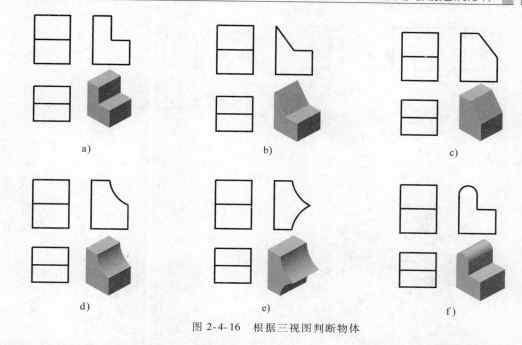

图 2-4-16　根据三视图判断物体

【例 2-4-3】　根据图 2-4-17 的投影图想象出闸墩的形状。

1）初步了解。从三投影图可知，闸墩是由三个部分叠加而成的，故可采用形体分析法读图。

2）形体分析法。由图中线框，根据"三等关系"，可将闸墩分解为底板、墩身及立柱三部分，每一部分的形体相对简单，便于读图。将底板的投影图从三个投影图中分离出来，并想象出其空间形状，如图 2-4-18 所示。利用同样的方法，分离出墩身、立柱，并想象出其空间形状，如图 2-4-19、图 2-4-20 所示。

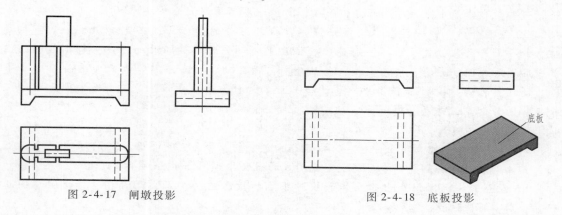

图 2-4-17　闸墩投影　　　　　　　　　　图 2-4-18　底板投影

3）想出整体。把上述分别想得的形体，按照图 2-4-17 所给定的位置组合成闸墩的整体形状，如图 2-4-21 所示。

4）对照验证。由综合想出的闸墩整体形状，对照已知的三投影图。完全相符，说明读图正确无误。

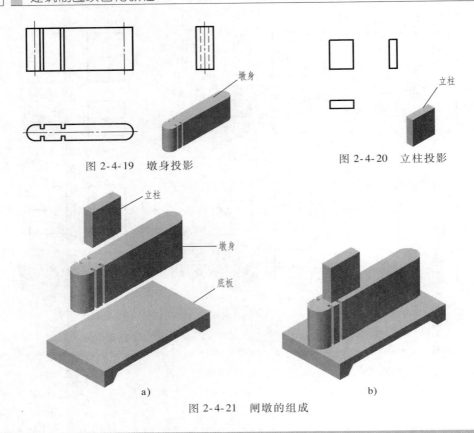

图 2-4-19　墩身投影　　　　　　　　图 2-4-20　立柱投影

图 2-4-21　闸墩的组成

【例 2-4-4】 根据图 2-4-22 所示组合体的三投影图，想象出组合体的形状。

1）初步了解。从图 2-4-22 可知，因三投影图中无曲线，故组合体是平面立体；三投影图的外形线框是矩形，因此组合体的原始形状是长方体；三投影图的外形线框内还有一些线条，可知组合体是由平面切割长方体而成，所以此题可用线面分析法读图。

2）线面分析。由一投影中的某一线框，找其另外的两投影，若无类似性，必有积聚性，此平面为特殊位置平面，否则是一般位置平面。平面 P 的正立面图是一梯形线框，但其平面图和左侧立图均积聚为直线，并且分别与投影轴 ox、oz 平行，因此，平面 P 是正平面。同理，可从三投影图中看出平面 Q 和平面 T 是水平面，平面 S 是正平面。平面 R 的三个投影图，由"三等关系"可知，r'（$1'$、$2'$、$3'$、$4'$），r（1、2、3、4），r''（$1''$、$2''$、$3''$、$4''$）均是平行四边形，所以平面 R 是一般位置平面。

3）想出整体。综合以上分析，可以设想由原来的长方体，用平面 P、Q、R 按图 2-4-22 的位置切割后，移去切掉部分，剩余部分形成的组合体如图 2-4-23 所示。

4）对照验证。由想象出的立体形状对照已知投影图 2-4-22，两者相符，说明读图正确，否则，再做修正。

建筑形体形状多样，有的简单，有的复杂。但复杂的建筑形体一般都可看成由棱柱、棱

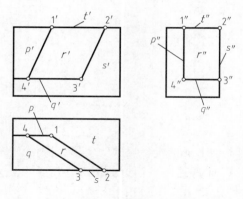

图 2-4-22　组合体的三投影图

图 2-4-23　组合体的立体图

锥、圆柱、圆锥和球体等基本形体经过切割、叠加后组成的。因此，在绘制建筑形体的投影图时，可将一个复杂的建筑形体分解为若干个基本体，分析它们的组合方式，通过组合、切割基本体的投影，最终得到复杂形体的投影图。

在建筑形体中标注尺寸的基本要求是：尺寸要完整、清晰、正确，并遵守国家建筑制图标准中的有关规定。

建筑形体的阅读，应该对组合体各个视图有个初步了解，大概想象出组合体的形状；然后，运用形体分析法、线面分析法对组合体各组成部分的投影进行阅读分析，想象出其准确的空间形状；最后，想象出组合体整体的形状，并根据所想形状与各视图对照验证，去伪存真，最终完成对组合体的阅读。

任务 5　剖面图和断面图的绘制

任务分析

在画建筑形体的投影图时，形体内部及被外形遮挡的轮廓线是用虚线表示的，建筑形体投影内如果虚线较多，特别是形体复杂时，必然造成视图中虚实线相交，这既不便于读图，也不便于尺寸的标注。另外，单纯的投影图也不能表示出建筑形体的内部材料。为了克服投影图这些不足，采用的方法就是假想用一个或几个截平面，将建筑形体剖开，使其内部暴露出来，这样，原来形体中不可见的部分就变为可见的，同时也可图示出其内部材料，这种用假想平面将形体切开后进行投影得到的视图即为剖面图和断面图，如图 2-5-1 所示的肋式杯形基础剖面图。

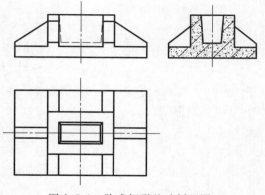

图 2-5-1　肋式杯形基础剖面图

相关知识

2.5.1 剖面图

1. 剖面图的画法

（1）确定剖切平面的位置

剖切平面一般应采用投影面的平行面，这样能使截面的投影反映为实形，方便读图。图 2-5-1 中要把左侧立面图改为剖面图，采用的截平面 P 是侧平面，如图 2-5-2 所示。另外，还要注意的是，截平面要尽量通过形体的对称面和形体上的孔、洞、槽的中心线，因为孔、洞、槽在投影图中往往是以虚线形式出现的，是读图的难点，所以要把它们用剖面图的形式暴露出来。

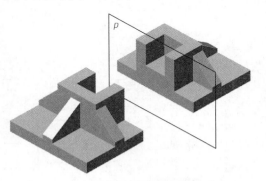

图 2-5-2　肋式杯形基础的剖切情况

（2）剖面图的图线及图例

形体被剖切后形成的截面轮廓线，用粗实线绘制；剖切后剩余部分未剖到的轮廓线，常画成中粗线，也可画成粗实线；另外，在剖面图中应尽量不画虚线。为使形体剖到部分与未剖到部分区别开来，使图形清晰易辨，应在截面轮廓范围内填充上相应的材料图例。常用材料图例详见项目一相关内容。未给出材料的用 45°等距细实线表示。

2. 剖面图的分类

根据形体的不同特点和要求，剖面的剖切位置及剖切方法也不尽相同，因此，剖面图可分：全剖面图、半剖面图、阶梯剖面图、旋转剖面图和局部剖面图。

（1）全剖面图

假想用一个截平面将形体全部剖开，所画出的剖面图称为全剖面图。全剖面图适用于不对称的建筑形体，或虽然对称但外形比较简单，或在另一个投影中已将它的外形表达清楚时。全剖面图的图示内容一般有：剖切符号、编号、材料、图名及比例。图 2-5-3a 所示的洗涤盆，外形较简单，而内部有孔，故剖切平面沿圆孔中心前后、左右切开，如图 2-5-4 所示，然后分别向 V、W 面进行投影，得到 1—1、2—2 剖面图，如图 2-5-3b 所示。

注意：图 2-5-3 所示洗涤盆的上部材料是钢筋混凝土，下部为砖砌的墩，剖切后虽在同一剖切面内，但因材料各异，故在图例材料分界处要用粗实线分开。

（2）半剖面图

当形体的内、外部均需表达，并且为对称形体时，在平行于对称面的投影面上的投影，以对称中心线为界，一半画为外形，另一半画为剖面，这样得到的图形称为半剖面图。图 2-5-5 所示是杯形基础的半剖面图，在半剖面图中，如果形体左右对称，则在立面图中外形画在对称中心线的左边，剖面画在对称中心线右边；若形体前后对称，在左侧立面图中外形画在对称中心线的后边，剖面画在对称中心线的前边。

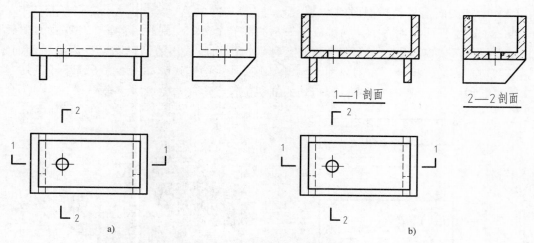

图 2-5-3　洗涤盆的全剖面图
a）投影图　b）剖面图

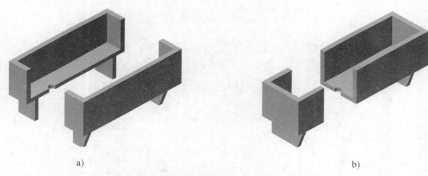

图 2-5-4　洗涤盆的剖切情况
a）1—1 剖面　b）2—2 剖面

半剖面图中，外形半边一般不画虚线，只是在某部分形状不能确定时才画出必要的虚线。另外，半剖面图中一律以细单点长画线为外形部分和剖面部分的分界线。

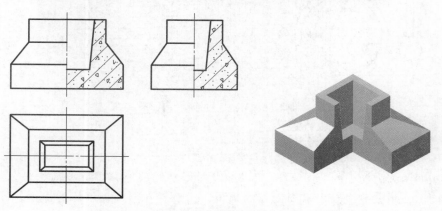

图 2-5-5　杯形基础的半剖面图

（3）阶梯剖面图（转折剖面图）

当一个剖切平面不能将形体内部需要表示的部分全部剖切到时，可将剖切平面直角转折成相互平行的两个或两个以上剖切平面进行剖切，剖切后画出的剖面图，称为阶梯剖面图。阶梯形剖切平面的转折处，在剖面图上规定不画所产生的交线，如图 2-5-6 所示。剖切起止点和转折处均应画上剖切位置线。转折处的剖切位置线不能与轮廓线重合。

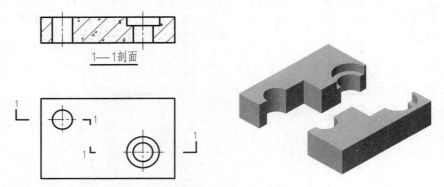

图 2-5-6　阶梯剖面图

（4）旋转剖面图

用两个相交的剖切平面（两剖切面的交线应垂直于投影面），剖开形体后，先将倾斜于投影面的剖面绕其交线旋转到平行于投影面的位置，再进行投影所得的投影图，称为旋转剖面图。图 2-5-7 所示为检查井的旋转剖面图。剖切起止点和转折处均应画上剖切位置线和编号。

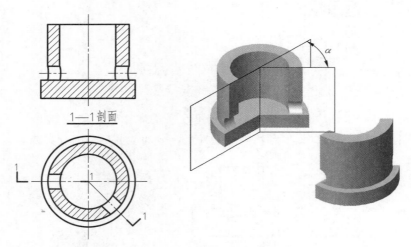

图 2-5-7　检查井的旋转剖面图

（5）局部剖面图

当形体只需显示某一局部构造，并且要保留其余部分的外形时，可只剖切形体的局部，所形成的剖面图称为局部剖面图。图 2-5-8 和图 2-5-9 所示是沟管局部剖面图及墙体固定支架局部剖面图，用波浪线画出需要剖开的部位，以表示支架埋入墙体的深度、砂浆灌注情况。对于表示楼地面、墙面等面层构造时，通常采用的是分层局部剖面，例如，图 2-5-10

所示的是楼面各层所用的材料及构造做法。

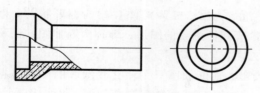

图 2-5-8　沟管局部剖面图

图 2-5-9　墙体固定支架局部剖面图

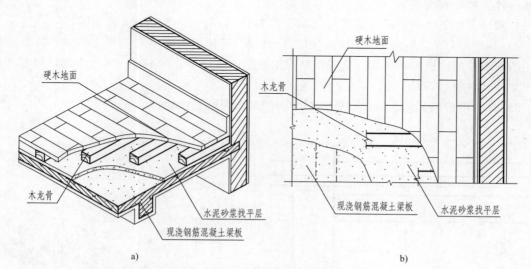

a)　　　　　　　　　　　　　　　b)

图 2-5-10　楼面构造的分层局部剖面

a）立体图　b）平面图

3. 剖面图的标注

在剖面图中需要对剖切符号及其编号、剖面图的图名进行标注。

1）剖面图的剖切符号应由剖切位置线及投射方向线组成，均应以粗实线绘制。剖切位置线的长度宜为 6~10mm；投射方向线应垂直于剖切位置线，长度应短于剖切位置线，宜为 4~6mm（图 2-5-11）。绘图时，剖面图的剖切符号不应与其他图线相接触。

2）剖切符号的编号宜采用粗阿拉伯数字，按顺序由左至右、由下至上连续编排，并应注写在剖视方向线的端部。

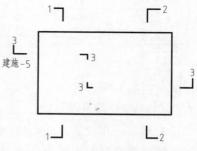

图 2-5-11　剖面图的剖切符号

3）剖面图的图名应标注在剖面图的下方或一侧，写上与该图相对应的剖切符号的编号，作为该图的图名，如 "1—1"、"2—2" 等，并应在图名下方画一等长的粗实线。

4）剖面图如与被剖切图样不在同一张图纸内，应在剖切位置线的另一侧注明其所在图纸的图纸号，如图 2-5-11 所示的 3—3 剖切位置线下侧注写的 "建施-5" 即表示剖面图在 "建施" 第 5 号图纸上。

2.5.2 断面图

断面图与剖面图一样，都是用来表示形体（如梁、板、柱等构件）的内部形状的。断面图是假想用一个剖切面将形体全部截断，画出截交线所围成的图形，即称为断面图，简称断面。断面图与剖面图的区别主要表现在以下几方面：

1）剖面图是被剖开的形体的投影，是体的投影，而断面图只是截交线围成的平面（截面）的投影，是面的投影。剖面中必然有截口，所以剖面图中包含有断面图。剖面图除了画断面外，还要画出投影中其余可见部分的投影，如图2-5-12所示的1—1剖面所示，而断面图只需画出截交线围成的图形即可，如图2-5-12所示的2—2、3—3断面图。

2）剖切符号的不同。断面图的剖切符号只画剖切位置线，不画投影方向线，投影方向是用断面编号的位置表示。编号宜采用阿拉伯数字，按顺序连续编排。编号在剖切位置线的哪一边，就向哪边投影。

3）剖面图中的剖切面可以转折，断面图的剖切面则不能转折。

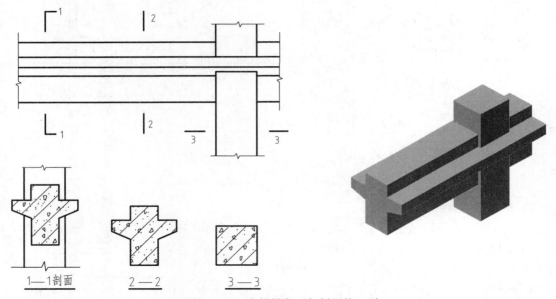

图 2-5-12　花篮梁断面与剖面的区别

断面图的分类

（1）移出断面图

将断面图画在投影图之外的，称为移出断面。当形体需要画多个断面时，可将每个断面图整齐地排列在投影图的附近。如图2-5-12所示花篮梁的2—2、3—3断面。

移出断面的轮廓线用粗实线绘制，图名不写"断面图"字样。根据需要断面图可用较大比例绘制。

（2）中断断面

对于单一的长向构件，如角钢、槽钢、工字钢等，可以在构件投影图的某一处用折断线或波浪线将其断开，把断面图放在当中，如图2-5-13所示的角钢，中断断面不用标注剖切符号及编号。

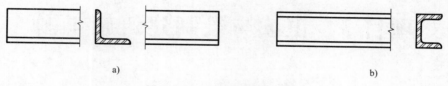

图 2-5-13 角钢的中断断面图

a）断面放在杆件中断处 b）断面放在杆件端部

（3）重合断面

断面不移出投影图，而是在其剖切位置旋转 90°，使断面图重合到投影图上，如图 2-5-14 所示。画重合断面时，断面轮廓线要画得粗一些，以便区别投影图中的线条。另外，重合断面也可不标注具体的材料，只需沿断面轮廓线内的边缘加画 45°等距斜细实线即可。

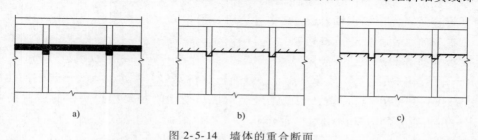

图 2-5-14 墙体的重合断面

a）表示墙厚及柱子 b）表示墙面上的柱 c）表示墙面上的凹槽

任 务 总 结

单纯的投影图不能表示出建筑形体的内部结构和材料，为了克服投影图这些不足，采取假想用一个或几个截平面将建筑形体剖开，使其内部暴露出来的方法，这样，原来形体中不可见的部分就变为可见的，同时也可图示出其内部材料，这种用假想平面将形体切开后进行投影，所得到的视图即为剖面图和断面图。绘制建筑图样应熟练掌握剖面图、断面图的绘制原理、画法和相关标识。

项目 3　识读与绘制建筑施工图

通过学习墙体、楼板、楼梯、屋面等建筑构造组成，学会识读、绘制建筑施工图和楼梯详图。

1）掌握建筑总平面图的识读及绘制。

2）掌握建筑平面图的识读及绘制。

3）掌握建筑立面图的识读及绘制。

4）掌握建筑剖面图的识读及绘制。

5）掌握建筑详图的识读及绘制。

建筑为建造、修筑之义，如建造房屋，修筑道路桥梁等，建筑物则为由建筑活动形成的产物。房屋的建造一般要经过设计与施工两个阶段。设计时需要把想象中的房屋按照"国标"规定，用正投影的方法将房屋内部形状、大小、结构、构造、装饰、设备等情况以图形表达出来，这种图形称为房屋建筑图。房屋建筑图简称为施工图，它是指导房屋施工的重要依据。

任务 1　项目知识准备

3.1.1　房屋的类型及组成部分

建筑物按其使用功能不同，一般有民用建筑、工业建筑、农业建筑之分。而民用建筑又可分为供人们居住的居住建筑（如住宅、宿舍等）和供人们公共使用的公共建筑（学校、办公楼、商场、医院、车站、体育馆、剧院等）。工业建筑指的是厂房、仓库、动力站等。农业建筑指的是粮仓、饲养场、农机站等。

各类建筑物尽管在使用要求、空间组合、外形处理、结构形式、构造方式和规模上各有特点，但其主要组成部分不外乎是基础、墙与柱、楼板与地面、楼梯、门窗和屋面等。图3-1-1所示为一栋住宅楼的轴测投影图，各部分的名称和位置如图所示。由此可见房屋的主要组成部分有：

1）基础：是位于墙或柱最下部的承重构件，是房屋与地基的接触部分，起着支撑整个建筑物，并把全部荷载传递给地基的作用。

2）墙体：墙体起着承受来自屋顶和楼面的荷载并传给基础的作用，又起着抵御风霜雨雪、保温隔热和分隔房屋内部空间的作用。按受力情况可分为承重墙和非承重墙；按位置可分为内墙、外墙，纵墙、横墙。

3）楼（地）面：将房屋的内部空间按垂直方向分隔成若干层，并承受作用在其上的荷载，连同自重一起传给墙或其他承重构件。

4）楼梯：房屋垂直方向的交通设施。

5）门窗：门的主要功能是连接室内外交通的作用；窗主要功能是通风、采光，还可供眺望之用。

6）屋顶：屋顶位于房屋的最上部，它是承重构件，承受作用在其上的荷载，连同自重一起传给墙或其他的承重构件，起抵御风霜雨雪和保温隔热等作用。

上述为房屋的基本组成部分，此外房屋结构还包括台阶、勒脚、散水、雨水管、阳台、天沟等建筑细部结构和建筑构（配）件。屋顶还有上人孔或在顶层设有楼梯，以供上屋顶之用。

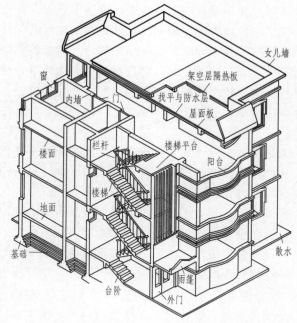

图3-1-1　房屋的组成部分

3.1.2　房屋的建造过程和房屋的施工图

建造房屋需经过设计与施工两个过程，如图3-1-2所示，而房屋设计一般应分为方案设计、初步设计和施工图设计三个阶段。方案设计文件，应满足编制初步设计文件的需要；初步设计文件应满足编制施工图设计文件的需要；施工图设计文件应满足材料、设备采购、非标设备制作和施工的需要。

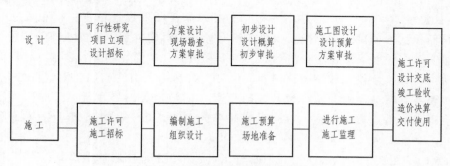

图3-1-2　建筑工程的两个步骤

方案设计阶段：方案设计主要通过平面、立面、剖面等图样表达设计意图。方案设计的文件有设计说明书、总平面图以及建筑设计图纸、透视图、鸟瞰图和模型等。

初步设计阶段：设计方案确定后，需进一步解决结构选型、布置和各工种配合等技术问题，并对方案作进一步深化设计，按一定比例绘制好图样后，送交有关部门审批。初步设计的内容主要有总平面图，建筑平、立、剖面图，一般还需提供结构布置图、建筑电气、给水排水图等。初步设计的文件有设计说明书、有关专业图纸及工程概算书。

施工图设计阶段：施工图设计是初步设计的深化、细化，它综合建筑、结构、设备、投资、现行施工技术等因素，做出更为合理的建筑设计，以更好地满足建筑物的使用功能和现行国家设计规范规程，并按照现行国家制图标准，绘制出直接用以指导施工的整套图样。它是建造房屋的技术依据，应做到整套图样完整统一、尺寸齐全、各专业设计合理等，这类图样称为房屋施工设计图，简称施工图。施工图文件应包括所有专业设计图样、工程预算书等。

无论是方案设计图、初步设计图还是施工图在图示原理和绘制方法上是一致的，但它们在表达内容的深度和广度上却有很大的区别。施工图在图纸的数量上要齐全、统一，在工种上要增添各种设备的设计图。

从事建筑工程方面的技术人员，应具有熟练地绘制及阅读不同阶段各种建筑工程图的能力，以便在设计工作过程中，分别绘制不同阶段的、符合国家制图标准的设计图；在施工过程中，能够按照施工图的要求把建筑物建造起来。

根据其专业内容或作用的不同，又分为建筑施工图（简称建施）、结构施工图（简称结施）、设备施工图（简称设施）。设计工作的专业分工如图 3-1-3 所示。在工业建筑的设计中，需要负责工艺设计的工程师参加。

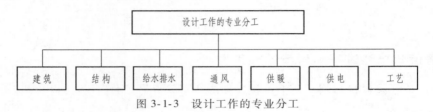

图 3-1-3　设计工作的专业分工

一套完整的施工图一般有：

1）图样目录：先列新绘制的图样，后列所选用的标准图样或重复利用的图样。

2）设计总说明（即首页）：内容一般应包括：施工图的设计依据；本工程项目的设计规模和建筑面积；本项目的相对标高与总图绝对标高的对应关系；室内室外的用料说明，如砖强度等级、砂浆强度等级、墙身防潮层、地下室防水、屋面、勒脚、散水、台阶、室内外装修等做法（可用文字说明或用表格说明，也可直接在图上引注或加注索引符号）；采用新技术、新材料或有特殊要求的做法说明；门窗表（如门窗类型，数量不多时，可在个体建筑平面图上列出）等。以上各项内容，对于简单的工程，可分别在各专业图样上写成文字说明。

3）建筑施工图：包括总平面图、平面图、立面图、剖面图和构造详图。

4）结构施工图：包括结构平面布置图和各构件的结构详图。

5）设备施工图：包括给水排水施工图、暖通空调施工图、电气施工图、系统图等。

本项目将以图 3-1-1 所示的一幢某单位住宅为例，详细介绍建筑施工图的识读与绘制方法。

3.1.3　建筑施工图的有关规定

建筑施工图除了要符合一般的投影原理，以及投影图、剖面和断面等基本图示方法外，为了保证制图质量、提高效率、表达统一和便于识读，我国制定了建筑制图的国家标准，如 GB/T 50001—2010《房屋建筑制图统一标准》、GB/T 50103—2010《总图制图标准》、GB/T 50104—2010《建筑制图标准》等。在绘制房屋工程图时，还应严格遵守国家标准中的规定。

1. 比例

建筑专业制图比例应按表 3-1-1 的规定选用。

表 3-1-1 房屋施工图选用比例

图　名	比　例
建筑物、构筑物的平面图、立面图、剖面图	1∶50、1∶100、1∶150、1∶200、1∶300
建筑物、构筑物的局部放大图	1∶10、1∶20、1∶25、1∶30、1∶50
配件及构造详图	1∶1、1∶2、1∶5、1∶10、1∶15、1∶20、1∶25、1∶30、1∶50

2. 图线

在房屋建筑图中为了表明不同的内容，可采用不同线型和宽度的图线来表达，以使所表达的图形重点突出，主次分明，其具体规定可见 GB/T 50104—2010《建筑制图标准》。常用图线图例见表 3-1-2。

表 3-1-2 常用图线图例

名称		线型	线宽	用　途
实线	粗	——————	b	1. 平、剖面图中被剖切的主要建筑构造（包括构配件）的轮廓线 2. 建筑立面图或室内立面图的外轮廓线 3. 建筑构造详图中被剖切的主要部分的轮廓线 4. 建筑构配件详图中的外轮廓线 5. 平、立、剖面图的剖切符号
	中粗	——————	$0.7b$	1. 平、剖面图中被剖切的次要建筑构造（包括构配件）的轮廓线 2. 建筑平、立、剖面图中建筑构配件的外轮廓线 3. 建筑构造详图及建筑构配件详图中的一般轮廓线
	中	——————	$0.5b$	小于 $0.7b$ 的图形线、尺寸线、尺寸界线、图例线、索引符号、标高符号、详图材料做法引出线、粉刷层、保温层线、地面、墙面的高差分界线等
	细	——————	$0.25b$	图例填充线、家具线、纹样线等
虚线	中粗	– – – – –	$0.7b$	1. 建筑构造详图及建筑构配件不可见的轮廓线 2. 平面图中的起重机（吊车）的轮廓线 3. 拟建、扩建的建筑物轮廓线
	中	– – – – –	$0.5b$	投影线，小于 $0.5b$ 的不可见轮廓线
	细	– – – – –	$0.25b$	图例填充线、家具线等
单点长画线	粗	—·—·—	b	起重机（吊车）轨道线
	细	—·—·—	$0.25b$	中心线、对称线、定位轴线
折断线	细	—–\/–—	$0.25b$	部分省略表示时的断裂界线
波浪线	细	～～～	$0.25b$	部分省略表示时的断开界线，曲线形构件断开界线，构造层次的断开界线

3. 施工图中常用的符号

在施工图中通常将房屋的基础、墙、柱、墩和屋架等承重构件的轴线画出，并进行编号，以便施工时定位放线和查阅图样，这些轴线称为定位轴线。

1）定位轴线的编号顺序。根据"国标"规定，定位轴线采用细单点长画线绘制。定位轴线一般应编号，编号应注写在轴线端部圆圈内。轴线编号的圆圈用细实线，直径为 8～10mm。定位轴线圆的圆心，应在定位轴线的延长线上或延长线的折线上。平面图上定位轴线的编号，宜标注在图样的下方与左侧。横向编号应用阿拉伯数字，从左向右顺序编写，竖向编号应用大写拉丁字母，从下至上顺序编写，如图 3-1-4 所示。拉丁字母中的 I、O 及 Z 三个字母不得作轴线编号，以免与数字 1、0 及 2 混淆。当字母数量不够使用时，可增用双字母或单字母加数字注脚，如 A_A、B_A、…、Y_A 或 A_1、B_1、…、Y_1。

2）定位轴线的分区编号。组合较复杂的平面图中定位轴线也可采用分区编号，如图 3-1-5所示。编号的注写形式应为"分区号—该分区编号"。"分区号—该分区编号"采用阿拉伯数字或大写拉丁字母表示。

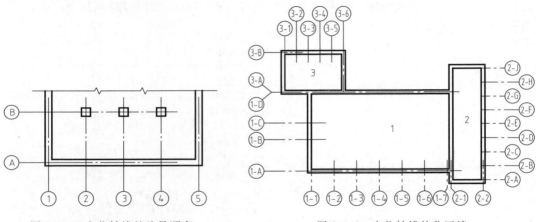

图 3-1-4 定位轴线的编号顺序   图 3-1-5 定位轴线的分区编

3）附加定位轴线的编号。对于一些与主要承重构件相联系的次要构件，它的定位轴线一般作为附加轴线，编号可用分数表示。两根轴线间的轴线，应以分母表示前一轴线的编号，分子表示附加轴线的编号，宜用阿拉伯数字顺序编写，如图 3-1-6a 所示；1 号轴线或 A 号轴线之前的附加轴线的分母应以 01 或 0A 表示，如图 3-1-6b 所示。在画详图时，如一个详图适用于几根轴线时，应同时将各有关轴线的编号注明；通用详图中的定位轴线，应只画圆，不注写轴线编号，如图 3-1-7 所示。

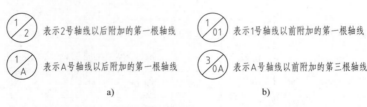

a)   b)

图 3-1-6 附加轴线的编号

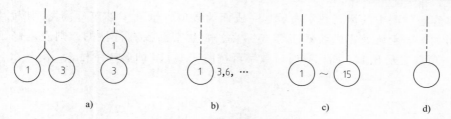

图 3-1-7　详图轴线的注法

a）详图用于两根轴线时　b）详图用于 3 根或 3 根以上轴线时
c）详图用于 3 根以上连续轴线时　d）详图用于通用轴线时

4）圆形平面图中定位轴线的编写。对于圆形平面图其径向轴线宜用阿拉伯数字表示，从左下角开始，按逆时针顺序编写；其圆周轴线宜用大写拉丁字母表示，从外向内顺序编写，如图 3-1-8 所示。

5）折形平面图中的定位轴线的编号可按图 3-1-9 的形式编写。

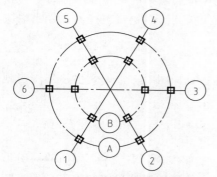

图 3-1-8　圆形平面定位轴线的编号

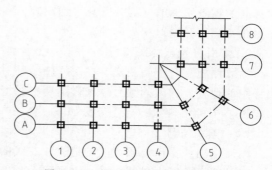

图 3-1-9　折形平面定位轴线的编号

4. 标高符号

在总平面图、平面图、立面图和剖面图上，经常用标高符号表示某一部位的高度。各图上所用标高符号应按图 3-1-10（1）所示形式以细实线绘制，图 3-1-10（2）所示为具体的画法。图中的 l 是注写标高数字的长度，高度 h 则视需要而定。标高符号的尖端应指至被注高度的位置，尖端一般应向下，也可向上。标高数字应注写在标高符号的左侧或右侧，如图 3-1-11a~c 所示。标高数值应以 m 为单位，一般注至小数点后三位数（总平面图中为二位

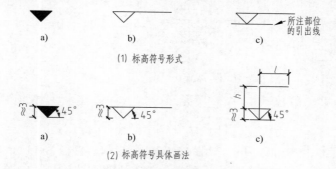

所注部位
的引出线

（1）标高符号形式

（2）标高符号具体画法

图 3-1-10　标高符号的形式与画法

a）总平面图上室外标高符号　b）平面图上的楼地面标高符号　c）立面图、剖面图各部位的标高符号

数）。在"建施"图中的标高数字表示其完成面的数值，也称"建筑标高"。如标高数字前有"－"号的，表示该处完成面低于零点标高。如数字前没有符号的，则表示高于零点标高。如同一位置表示几个不同标高时，数字可按图 3-1-11d 的形式注写。

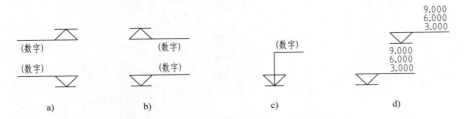

图 3-1-11　立面图与剖面图上标高符号注法

a）左边标注时　b）右边标注时　c）特殊情况时　d）多层标注时

标高有绝对标高和相对标高两种。绝对标高是把我国青岛附近黄海的平均海平面定为绝对标高的零点，其他各地标高都以它作为基准。相对标高是把底层室内主要地坪标高定为相对标高的零点所标的标高。除总平面图外，一般都采用相对标高。在建筑工程的总说明中应注明相对标高和绝对标高的关系。

5. 索引符号与详图符号

为方便施工时查阅图样，在图样中的某一局部，如需另见详图时，常用索引符号注明画出详图的位置、详图的编号以及详图所在图纸的编号。

按"国标"规定，标注方法如下：

（1）索引符号

用一引出线指出要画详图的地方，在线的另一端画一细实线圆，其直径为 10mm。引出线应对准圆心，圆内过圆心画一水平线，上半圆中用阿拉伯数字注明该详图的编号，下半圆中用阿拉伯数字注明该详图所在图纸的编号，如图 3-1-12a 所示。若详图与被索引的图样同在一张图纸内，则在下半圆中间画一水平细实线，如图 3-1-12b 所示。索引的详图采用标准图时，应在索引符号水平直径的延长线上加注该标准图册的编号，如图 3-1-12c 所示。

当索引符号用于索引剖面详图时，应在被剖切的部位绘制粗短画线表示剖切位置线，并以引出线引出索引符号，引出线所在一侧应为剖视方向，图 3-1-13a 向下投射，图 3-1-13b、c 分别表示向上、向左投射。

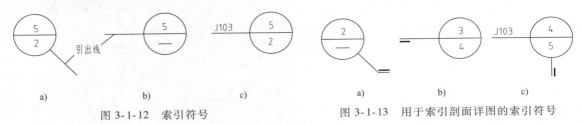

图 3-1-12　索引符号　　　　　图 3-1-13　用于索引剖面详图的索引符号

（2）详图符号

本符号表示详图的位置和编号，它用一粗实线圆绘制，直径为 14mm。详图与被索引的图样同在一张图纸内时，只需在圆圈内用阿拉伯数字注明详图编号，如图 3-1-14a 所示。如不在同一张图纸内，应用细实线在符号内画一水平直径，在上半圆中注明详图编号，在下半圆中注明被索引图纸编号，如图 3-1-14b 所示。

（3）零件、钢筋、标件、设备等的编号

以直径为 5~6mm（同一图样应保持一致）的细实线圆绘制，其编号应用阿拉伯数字按顺序编写，如图 3-1-15 所示。消火栓、配电箱、管井等的索引符号，直径宜为 4~6mm。

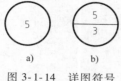

图 3-1-14 详图符号

图 3-1-15 零件、钢筋等的编号

6. 指北针和风向频率玫瑰图

指北针用细实线绘制，圆的直径宜为 24mm。指针指向正北向，指针尾部宽度宜为 3mm，指针头部应注"北"或"N"字，如图 3-1-16a 所示。需用较大直径绘制指北针时，指针尾部宽度宜为直径的 1/8。风向频率玫瑰图也称风玫瑰图，如图 3-1-16b 所示。它是根据拟建房屋当地若干年来平均风向的统计值绘制而成的，图中细实线表示十六个方位，粗实线表示当地常年风向频率，虚线则表示当地夏季六、七、八三个月的风向频率。因此，在总平面图中，风玫瑰图除了表示房屋朝向外，还能用来表示该地区常年主导风向和夏季风向频率。需要注意的是：在风向频率玫瑰图折线上的点离中心的远近，表示从此点向中心刮风的频率的大小。

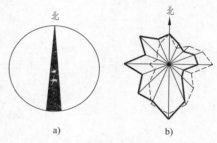

图 3-1-16 指北针和风向频率玫瑰图

7. 等高线

用一组间距相等的水平面截立体，其截交线称为等高线，若用整数高程的一组水平面截，所得等高线为整数标高。在等高线上标注标高，并注上锥顶标高。规定标高数字字头朝向高处。图 3-1-17a 所示，为锥顶向上的正圆锥；图 3-1-17b 所示为锥顶向下的正圆锥；图

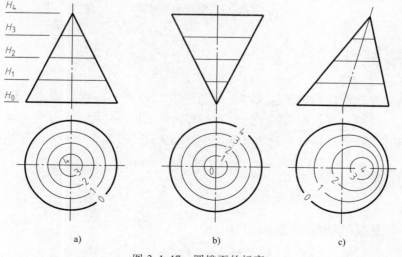

图 3-1-17 圆锥面的标高

3-1-17c 所示为锥顶向上的斜圆锥。从图 3-1-17 中可看出：正圆锥，它们的等高线都是同心圆。等高线越密处坡度越陡峭，越疏处坡度则越缓和。

任务 2　总平面图的阅读与绘制

图 3-2-1 所示为某单位住宅区的建筑总平面图。在学习过程中应掌握阅读及绘制总平面图的方法。

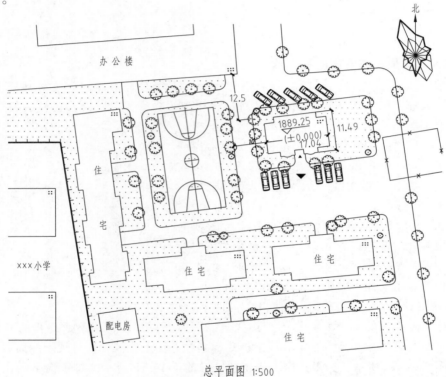

总平面图 1:500

图 3-2-1　建筑总平面图

任　务　分　析

总平面图是建筑项目的纲领性文件。项目所有（原有和新建）建构筑物外形尺寸、坐标，道路，功能区域，各点标高等信息全部涵盖。总平面图可用于计算各种经济指标、单体工程放线、制作设备管线综合布置的依据、报批报建等。所以要学会阅读及绘制总平面图。

相　关　知　识

3.2.1　总平面图的作用及图示方法

在建筑图中，总平面图是表达一项工程的总体布局的图样。总平面图也称总图，是将新建、拟建、原有和拆除建筑物、构筑物连同周围的地形、地貌等状况，用水平投影的方法和相应的图例所画出的图样。它反映了上述建筑的平面形状、位置、朝向、周围原有建筑、道路、绿化、河流、地形、地貌及标高等。

总平面图用于对新建房屋进行定位、施工放线、土方施工、布置施工现场，并作为绘制水、暖、电等管线总平面图的依据。

总平面图包括以下内容：

（1）比例

总平面图图示的区域面积较大，所以绘制总平面图采用的比例比较小，根据场地大小和图纸要求表达的详细程度不同，一般取为 1：500、1：1000、1：2000 等。

（2）图例

总平面图表达的内容，应采用 GB/T 50103—2010《总图制图标准》所规定的图例画出，该图例的摘录见表 3-2-1。如果 GB/T 50103—2010《总图制图标准》规定的图例不够时可自行拟定补充图例，但必须在总图的下方加以说明。

图例在总图中用来表明拟建区、扩建区或改建区的总体布置，表明各建筑物及构筑物的位置，道路、广场、绿化、河流、池塘的布置情况及室外场地的标高。

表 3-2-1　常用总平面图例

名　　称	图　　例	说　　明
新建建筑物	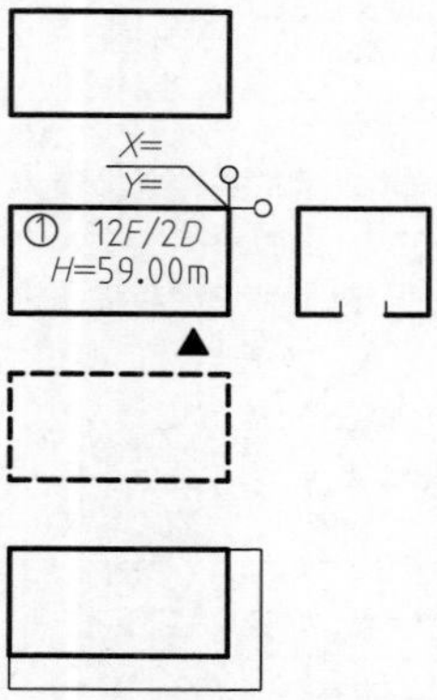	新建建筑物以粗实线表示与室外地坪相接处±0.00 外墙定位轮廓线 建筑物一般以±0.00 高度处的外墙定位轴线交叉点坐标定位。轴线用细实线表示，并标明轴线号 根据不同设计阶段标注建筑编号，地上、地下层数，建筑高度，建筑出入口位置（两种表示方法均可，但同一图纸采用一种表示方法） 地下建筑物以粗虚线表示其轮廓 建筑物上部（±0.00 以上）外挑建筑用细实线表示 建筑物上部轮廓用细虚线表示并标注位置
原有建筑	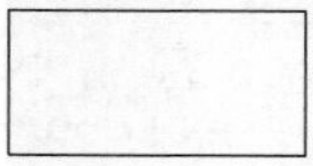	用细实线表示
拆除的建筑物	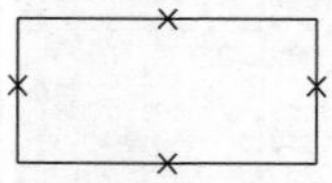	用细实线表示
计划扩建的建筑物或预留地		用中粗虚线表示
围墙及大门	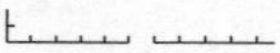	—
挡土墙	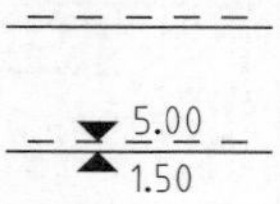	挡土墙根据不同设计阶段的需要标注 墙顶标高 墙底标高

（续）

名　　称	图　　例	说　　明
挡土墙上设围墙	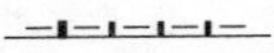	—
坐标	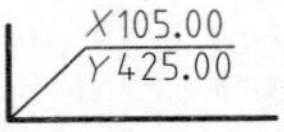 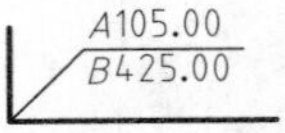 X 105.00 Y 425.00 A 105.00 B 425.00	上图为地形测量坐标系 下图为自设坐标系 坐标数字平行于建筑标注
方格网交 叉点标高	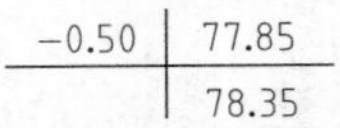 −0.50 | 77.85 | 78.35	"78.35"和"77.85"为原地面标高和设计标高。"−0.50"为施工高度，"−"表示挖方，"+"表示填方
室外标高	 ▼ 143.00	室外标高也可采用等高线表示
室内地坪标高	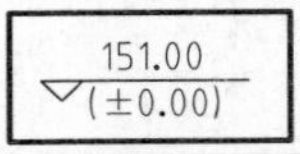 151.00 ▽(±0.00)	数字平行于建筑物标注
填挖边坡	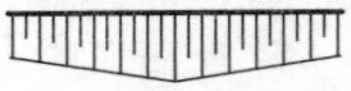	—
原有道路		用细实线表示
计划扩建的道路		用中粗虚线表示
新建道路	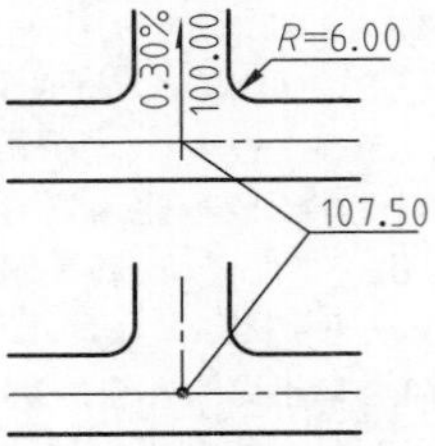 0.30% 100.00 R=6.00 107.50	"R=6.00"表示道路转弯半径为6m； "107.50"为道路面中心线交叉点设计标高，两种表达方式均可，同一图纸采用一种方式表示 "100.00"表示变坡点之间距离 "0.30%"表示道路坡度 "→"表示坡向
落叶针叶乔木	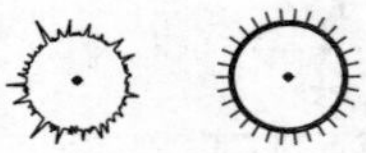	
落叶阔叶乔木	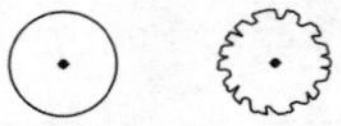	
落叶阔叶乔木林		
花卉		
草坪	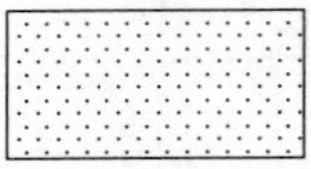	

（续）

名　称	图　例	说　明
管线	———代号———	管线代号按国家现行有关标准的规定标注 线型宜以中粗线表示
地沟管线	———代号——— ———代号——— |——代号——|	

（3）确定拟建或扩建工程的位置

通常是利用原有建筑或道路，通过标注尺寸对拟建或扩建工程进行定位。总图中的尺寸采用"m"为单位。

当修建成片的房屋（如住宅）、较大的公共建筑物、工厂或地形复杂时，一般采用的是坐标定位。坐标网格应以细实线表示。坐标网应画成交叉"十"字线，一般画成100m×100m或50m×50m的方格网，它与地形图的比例相同。通常坐标网有以下两种形式：一种是测量坐标网，即在地形图上绘制正方形的测量坐标网，竖轴为X，横轴为Y，测量坐标代号用"X、Y"表示；另一种是建筑坐标网，即将建设地区的某一点定为"O"，水平方向为B，垂直方向为A。建筑坐标应画成网格通线，坐标代号用"A、B"表示，坐标值为负数时，应注"-"号，如图3-2-2所示。

表示建筑物、构筑物位置的坐标，宜注其三个角的坐标，如建筑物、构筑物与坐标轴线平行，可注其对角坐标。如图3-2-3所示为某厂生活区设施总平面图。

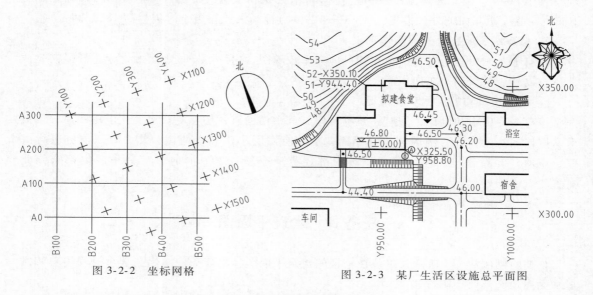

图3-2-2　坐标网格　　　　　　　　图3-2-3　某厂生活区设施总平面图

注明拟建房屋底层室内地面和室外整平地面的绝对标高。

（4）附近的地形地物

如建筑物附近的道路、水沟、河流、池塘、护坡。当地形起伏较大的地区还应画上地形等高线。

除上述内容外，总平面图的内容还包括：用指北针或风向频率玫瑰图表明房屋的朝向；建筑物使用编号时，应列出名称编号表；绿化规划、管道布置。

任务实施

总平面图的绘图及读图示例。总平面图是将新建、拟建、原有和拆除建筑物、构筑物连同周围的地形、地貌等状况，用水平投影的方法和相应的图例所画出的图样。所以它的绘制方法很简单，这里不再介绍，只就总平面图的读图方法进行介绍。

图 3-2-1 所示是某单位局部的总平面图，新建房屋是一幢五层楼的住宅。在这样小范围的平坦土地上，建造房屋所绘的小区总平面图，可不必画出地形等高线和坐标网格，只要表明这幢住宅的平面轮廓形状、层数、位置、朝向、室内外标高，以及周围的地物等内容即可。从图中可以看到以下有关内容：

1. 图名、图例及比例

由于本图所画的是某单位住宅区的建筑总平面图，范围不大，所以比例选用较大，本图采用 1∶500 的比例绘制。图例采用 GB/T 50103—2010《总图制图标准》规定的图例。

2. 朝向

利用图右上角的风向频率玫瑰图可知，该新建住宅的入口在南面，朝向为南偏东。

3. 新建房屋的平面形状及其定位等

在总平面图中，新建房屋用粗实线表示。由图可知，房屋位于图中的东北方向，图中房屋轮廓线内右上角有 5 个点，表明该建筑共五层。其平面形状左右对称，入口朝南面，东西向总长 17.04m，南北向总宽 11.49m。它以原有建筑物或构筑物定位，房屋的西墙面距球场 10m，北墙面距北面的办公楼 12.5m。房屋的零点标高大约相当于海拔标高 1889.25m。

4. 拟建房屋所在地的风向情况

图右上角是房屋所在地区常年的风向频率玫瑰图，由图可知该地区的常年主导风向是西北风，夏季主导风向是东南风。

5. 新建建筑物的周围环境情况

该总平面图中共画出了原有建筑物八座，其中南面有六层住宅三座，配电房一座；西面有六层住宅一座，并有围墙与小学相隔，学校有四层小学教室两座；北面有六层办公楼一座；东面有拆除建筑一座；宿舍小区中部还有一个篮球场。同时，宿舍小区内都有绿化布置。

任务 3   建筑平面图

如何绘制图 3-3-1 所示某单位住宅楼的建筑平面图？本任务使学生在学习过程中熟练掌握平面图的阅读及绘图方法。

任务分析

建筑平面图，又可简称平面图。建筑平面图作为建筑设计、施工图中的重要组成部分，它反映建筑物的功能需要、平面布局及其平面的构成关系，是决定建筑立面及内部结构的关键环节。其主要反映建筑的平面形状、大小、内部布局、地面、门窗的具体位置和占地面积等情况。所以说，建筑平面图是新建建筑物的施工及施工现场布置的重要依据，也是设计及规划、给水排水、强电、弱电、暖通设备等专业工程平面图和绘制管线综合图的依据，应该熟练掌握平面图的阅读及绘制方法。

3.3.1　平面图的形成及分类

1. 建筑平面图的用途

建筑平面图可作为施工放线、砌墙、安装门窗、预埋构件、室内装修和编制预算等的重要依据。

2. 建筑平面图的形成

除了屋顶平面图之外，建筑平面图实际上是建筑物的水平剖面图，也就是假想用水平的剖切平面在窗台上方把整幢建筑物切开，移去剖切平面以上部分后，将剩余的部分向下作正投影，此时所得到的全剖面图，即称为建筑平面图，简称平面图。

3. 建筑平面图的分类

根据建筑物的楼层及剖切平面的位置不同，建筑平面图可分为以下几类：

（1）底层平面图

底层平面图又称一层平面图。绘制底层平面图时，应将剖切平面放在房屋一层地面以上一层到二层楼梯的休息平台之下。

（2）标准层平面图

对于多层建筑而言，各层均应画出其平面图，其名称就用本身的楼层数来命名，例如"三层平面图"等。如果多层建筑存在有许多相同或相近平面布置的楼层，可将这些相同或相近的楼层合用一张平面图来表示。这张合用的平面图，就称为"标准层平面图"，通常用其对应的楼层数命名，例如"二~五层平面图"等。建筑平面图左右对称时，也可将两层平面图画在同一张图上，左边画出一层的一半，右边画出另一层的一半，中间用对称符号作分界线。

（3）顶层平面图

顶层平面图也可用相应的楼层数来命名。

（4）屋顶平面图和局部平面图

屋顶平面图是将房屋顶部单独向下所做的投影图，主要表示屋顶的平面布置。对于平面布置基本相同的中间楼层，其局部的差异，只需另绘制局部平面图即可。

3.3.2　平面图中常用的图例

由于建筑平面图所用的绘图比例较小，建筑物上的一些细部构造和配件无法画出，只能用图例表示，有关图例画法应按照 GB/T 50104—2010《建筑制图标准》中的规定执行。现将其中一些常用的构造及配件图例介绍如下，以便于学习，见表 3-3-1。

表 3-3-1　常用建筑构造及配件图例（GB/T 50104—2010）

名称	图例	说明	名称	图例	说明
玻璃幕墙		幕墙龙骨是否表示由项目设计决定	折叠门	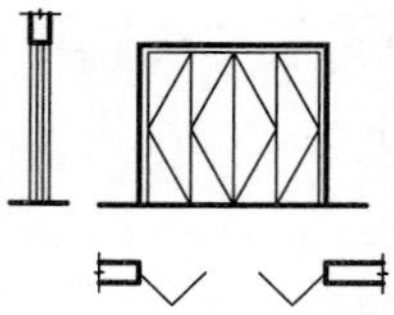	1. 门的名称代号用M表示 2. 平面图中，下为外，上为内 3. 立面图中，开启线实线为外开，虚线为内开，开启线交角的一侧为安装合页一侧 4. 剖面图中，左为外，右为内 5. 立面形式应按实际情况绘制
栏杆		—			
楼梯		1. 上图为底层楼梯平面 2. 中图为中间层楼梯平面 3. 下图为顶层楼梯平面			
			固定窗	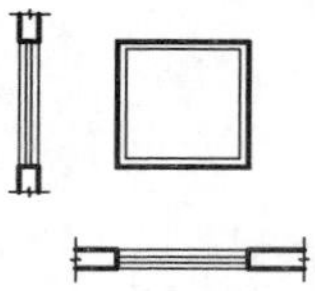	1. 窗的名称代号用C表示 2. 立面图中的斜线表示窗的开启方向，实线为外开，虚线为内开；开启方向线交角的一侧为安装合页的一侧。开启线在建筑立面图中可不表示，在门窗立面大样图中需绘制 3. 图例中剖面图左为外、右为内，平面图下为外、上为内 4. 平面图和剖面图上的虚线仅表示开启方向，项目设计不表示 5. 窗立面形式应按实际情况绘制 6. 附加纱扇应以文字说明，在平、立、剖面图中均不表示
烟道		—	中悬窗	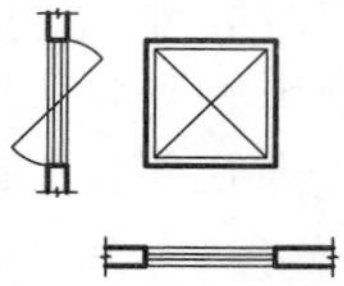	
风道		—			
单面开启单扇门（包括平开或单面弹簧）		1. 门的名称代号用M表示 2. 图例中剖面图左为外、右为内。平面图下为外、上为内 3. 立面图中开启方向线交角的一侧为安装合页的一侧，实线为外开，虚线为内开 4. 平面图中门开启线为90°、60°或45°，开启弧线宜画出 5. 开启线在建筑立面图中可不表示，在立面大样图中可根据需要绘出 6. 附加纱扇应以文字说明，在平、立剖面图中均不表示	单层外开平开窗	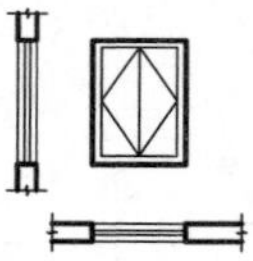	
单面开启双扇门（包括平开或单面弹簧）			单层内开平开窗	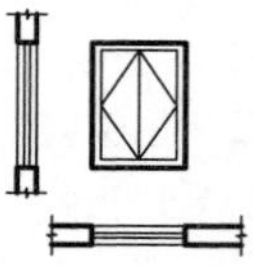	
双面开启单扇门（包括双面平开或双面弹簧）			百叶窗	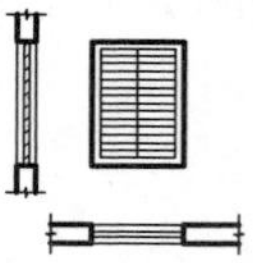	1. 窗的名称代号用C表示 2. 立面形式按实际情况绘制
双面开启双扇门（包括双面平开或双面弹簧）			双层推拉窗	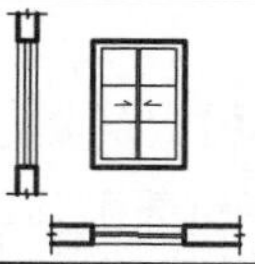	
空门洞		h 为门洞的高			

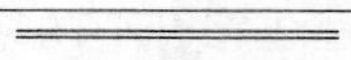

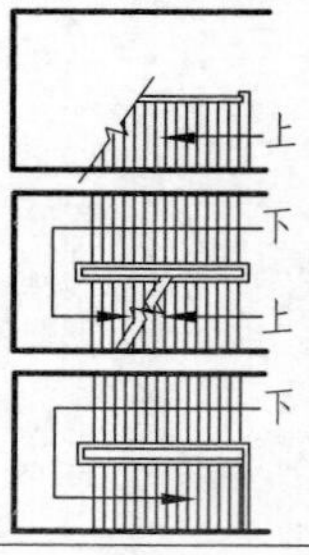

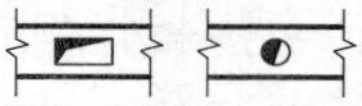

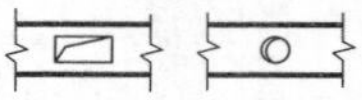

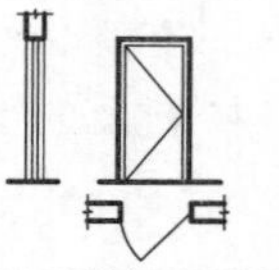

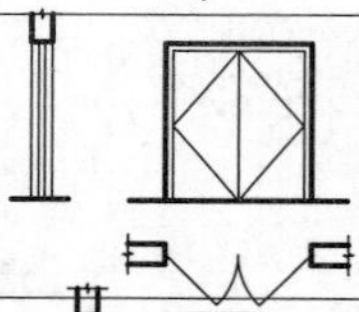

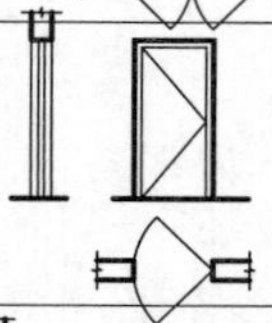

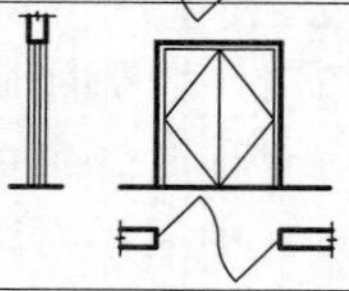

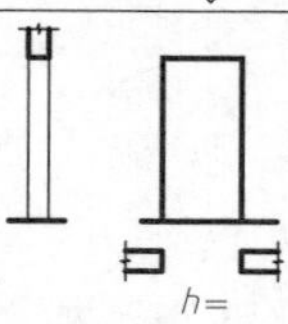

3.3.3　平面图的内容及规定画法

1. 主要内容

建筑平面图所表示的主要图示内容有：

1）建筑平面图的图名及其比例。

2）表示墙、柱、墩的纵、横向定位轴线及其编号。

3）表示建筑物的平面布置、外墙、内墙、柱和墩的位置，房间的平面分隔、形状大小和用途。

4）表示内、外门窗的位置和类型，并标注代号和编号。

5）表示电梯、楼梯的位置和楼梯上下方向及主要尺寸、踏步数。

6）表示室外构（配）件，如底层平面图中应表示台阶、斜坡、花坛、排水沟、散水、雨水管等的位置及尺寸；二层以上的平面图表示阳台、雨篷等的位置及尺寸。

7）标注建筑物的外形、内部尺寸和楼地面的标高以及坡比、坡向等。

8）在底层平面图上还应标注剖面图剖切符号和编号；标注有关部位上节点详图的索引符号。

9）在底层平面图上还应画出表示建筑物朝向的指北针。

以上所列只是平面图的主要内容，可根据具体项目的实际情况进行取舍。

2. 规定画法

（1）比例

按照 GB/T 50104—2010《建筑制图标准》，绘制建筑平面图时可选用的比例有 1∶50、1∶100、1∶150、1∶200、1∶300，但 1∶100、1∶200 的比例在绘制建筑平面图采用最多。建筑物或构筑物的局部放大图可用比例有 1∶10、1∶20、1∶25、1∶30、1∶50。

（2）指北针

为表示建筑物的朝向，底层平面图上应加注指北针。一般总平面图上需标注风向频率玫瑰图，而底层平面图上则标注指北针，通常两者不得互换，且所示方向必须一致。其他层平面图上不必再标出。

（3）图线

建筑图中的图线应粗细有别，层次分明。按 GB/T 50104—2010《建筑制图标准》对于图线的规定，在建筑平面图中，被剖切到的墙、柱等部分的轮廓线用粗实线画出，而粉刷层在 1∶50 或比例更大的平面图中则用细实线画出。未被剖切到的可见轮廓线，如窗台、台阶、明沟、花台、梯段、家具陈设、卫生设备等用中实线或细实线画出。尺寸线、标高符号、定位轴线的圆圈用细实线，轴线用细单点长画线画出。有时为表达被遮挡的或不可见的部分，如高窗、吊柜等，可用虚线绘制其轮廓线。

（4）图例

在建筑平面图中门、窗等均按规定的图例来绘制，详见表 3-3-1。凡是被剖切到的断面部分应画出材料图例，但在 1∶100~1∶200 的小比例的平面图中，剖到的砖墙一般不画材料图例（或在透明纸的背面涂红表示），比例为 1∶50 的平面图中的砖墙也可不画图例，比例大于 1∶50 时，应画上材料图例。剖切到的钢筋混凝土构件断面，一般小于 1∶50 时可涂黑。

（5）尺寸标注

建筑平面图中的尺寸主要分为以下几种类型：

1）外部尺寸——标注在建筑平面图轮廓以外的尺寸称外部尺寸。通常外部尺寸按照所标注的对象不同，又分三道尺寸，最内侧的第一道尺寸是门、窗水平方向的定型和定位尺寸；中间第二道尺寸是轴线间距尺寸；最外侧的第三道尺寸是建筑物两端外墙面之间的总长、宽尺寸。

2）内部尺寸——内部尺寸应注写在建筑平面图轮廓以内，它主要用于表示房屋内部构造和家具陈设的定型、定位尺寸，如室内门、窗洞的大小和定位、墙厚和固定设备（例如厨房、厕所、盥洗间等）的大小与定位。

3）标高尺寸——建筑平面图上的标高尺寸，主要用于标注某层楼面（或地面）上各部分的标高。按《建筑制图标准》规定，该标高尺寸应以建筑物室内地面的标高为基准（室内地面标高设为±0.000）。底层平面图中，还需标出室外地坪的标高值。

4）坡度尺寸——建筑平面图中，应在有坡度处，如屋顶、散水处等，标注坡度尺寸。该尺寸通常由两部分组成：坡比与坡向。

3. 门窗表

门窗表是指新建建筑物上所有门窗的统计表。门窗表的编制，是为了计算出每幢建筑物不同类型的门窗数量，以供订货加工之用。中小型建筑的门窗表一般放在建筑施工图内。

1. 阅读实例

（1）阅读底层平面图

图 3-3-1 所示为某单位住宅楼建筑平面图。现以此为例，介绍建筑平面图的阅读方法。

阅读步骤：

1）了解图名、比例。从图 3-3-1 可知，该平面图是某单位住宅楼的底层平面图，所用绘图比例为 1∶100。

2）了解建筑物的朝向。在底层平面图形外，画有一指北针符号，说明建筑物的朝向。由图可知，本建筑朝向为南偏东。

3）了解定位轴线。内外墙的位置和平面区域划分布置在该平面图中，横向定位轴线编号从①～⑨；纵向定位轴线有Ⓐ、Ⓑ、Ⓒ、Ⓓ、Ⓔ、Ⓕ。

该住宅楼每层均为一梯两户，南面中间入口为楼梯间，两户平面布置完全一样。

每户有三室两厅一厨一卫，南面还有一个阳台。以东面的一户为例：朝南的是一间客厅及一间卧室；朝北面的房间，中间⑦～⑧轴线之间为餐厅与厨房；西面⑤～⑦轴线之间为书房与卫生间；东面⑧～⑨轴线之间为卧室。内外砖墙厚度均为 240mm，墙的断面上涂黑处表示钢筋混凝土构造柱断面。

4）了解门的位置、编号和数量。M1 为单元防盗门，每户有入户门 M2 一樘，M3 分别为两卧室门和书房门共三樘，M4 、M5 分别为厨房门和阳台门，该门是铝合金推拉门，数量为各一樘，M6 为卫生间的门，每户共计 7 樘门；窗有 C1 两樘，C2、C3、C4 各一樘共计 5 樘。

5）了解建筑物的平面尺寸和各地面标高。该建筑物平面图中共有三道外部尺寸，最外侧的一道尺寸是建筑物两端外墙面之间的总长、宽尺寸，分别为 17040mm、11490mm；中间一道是轴线间距尺寸，一般可表示房间的开间和进深尺寸，如客厅的开间尺寸为 3900mm，进深为 4800mm；两间卧室的开间尺寸为 3300mm，进深分别为 4800mm、3600mm；餐厅与厨房的开间尺寸为 2700mm，进深分别为 3600mm、1500mm；书房与卫生间的开间尺寸为 2400mm，进深分别为 3300mm（即 1800mm+1500mm）、1800mm。最里的一道尺寸为门、窗水平方向的定型和定位尺寸。

内部尺寸主要用于表示房屋内部构造和家具陈设的定型、定位尺寸。

该建筑物室内地面相对标高±0.000，楼梯间的地面标高为-0.750m。

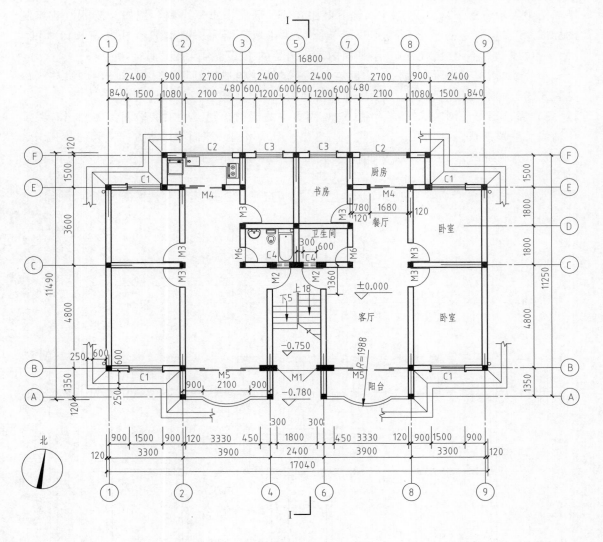

一层平面图 1:100

图 3-3-1　某住宅的一层平面图

6）了解其他建筑构（配）件。该建筑物入口在南面，进大门，上 5 级踏步到达室内地面；上 18 级踏步到达二层楼面。建筑物四周做有散水和明沟，宽度分别为 600mm 和 250mm。厨房、卫生间画有水池、浴缸、坐便器和煤气灶等图例。

7）了解剖面图的剖切位置、投影方向等。该建筑物底层平面图中标有 Ⅰ—Ⅰ 剖面图的剖切符号。Ⅰ—Ⅰ 剖面是一个全剖面图，它的剖切位置通过书房、卫生间及楼梯间，其投影方向为从右向左投影。

（2）其他层建筑平面图

除了以上介绍的底层平面图之外，还有标准层平面图、顶层平面图等。与底层平面图相比，其他层平面图的阅读方法与底层平面图基本相似，需要注意的有下述两点：

1）只需在底层平面图上绘制指北针和剖切符号，其他平面图中不必再画；已经在底层平面图中表示清楚的构（配）件，就不再在其他平面图中重复绘制。例如：按照《建筑制图标准》，二层以上的平面图中不再绘制台阶、花坛、明沟、散水等室外设施及构（配）件；三层以上也不再绘制已由二层平面图表示清楚的雨篷等构（配）件。

2）一般情况下楼梯间底层、中间层及顶层的建筑构造图例不同。楼梯图例的具体画法见表3-3-1。本幢住宅的顶层为上屋顶的楼梯间，阅读时需注意楼梯图例的画法。

3）屋顶层平面图较为简单，需要时可用更小的比例绘制。屋顶层平面图需画出有关定位轴线、屋顶形状、女儿墙、分水线、隔热层、屋顶水箱、屋面的排水方向、天沟及其雨水口的位置等，此外，还把顶层平面图中未能表明的顶层阳台的雨篷和顶层窗的遮阳板等画出。

本幢住宅的二、三层平面图（标准层）、屋顶层平面图以及上人楼梯间屋顶层平面图如图3-3-2～图3-3-4所示。

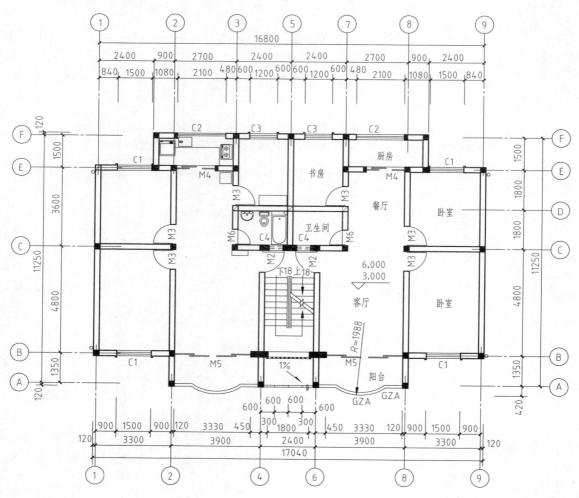

二、三层平面图 1:100

图3-3-2 某住宅的二、三层平面图

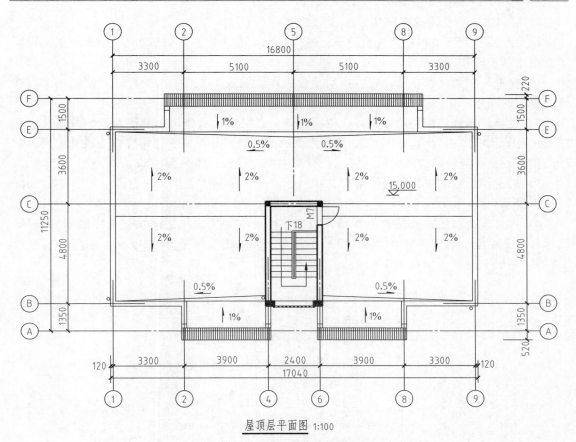

屋顶层平面图 1:100

图 3-3-3 某住宅的屋顶层平面

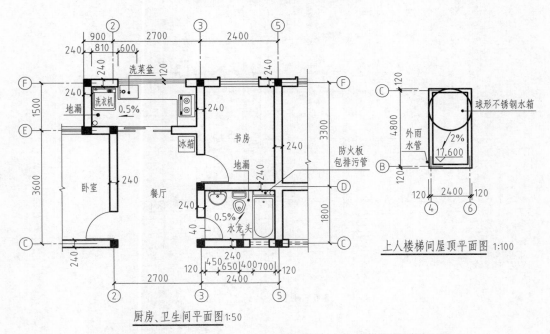

厨房、卫生间平面图 1:50

上人楼梯间屋顶平面图 1:100

图 3-3-4 某住宅的厨房、卫生间平面图与上人楼梯间屋顶平面图

2. 绘制建筑平面图的步骤和方法

绘图时要从大到小，从整体到局部，逐步深入。现以图 3-3-1 的底层平面图为例，说明平面图绘制步骤和方法。

1）选取绘图比例和图幅。根据所绘房屋大小，在表 1-1-2 中选择合适的绘图比例，并选用合适的图幅。

2）画定位轴线、墙身轮廓线、柱轮廓线等。定位轴线是建筑物的控制线，所以在平面图中，凡承重墙、柱、梁、屋架等一般要先画出其轴线，此时应注意构件中心线是否与定位轴线重合。画墙身轮廓线时，应从轴线处分别向两边量取，如图 3-3-5a 所示。

3）确定门、窗的位置；画出细部，如门、窗洞、楼梯、卫生间、台阶、散水等，如图 3-3-5b 所示。

4）擦去多余图线，并检查无误后，按施工图要求加黑、加粗图线，再标注轴线编号、尺寸、门窗编号、剖切符号，注写文字、图名等，如图 3-3-5c 所示。

5）完成平面图，如图 3-3-1 所示。

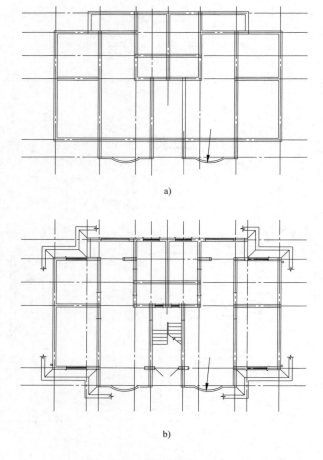

a)

b)

图 3-3-5 平面图的绘制步骤
a）绘制轴线、墙身线、柱等 b）绘制门窗位置及细部构造等

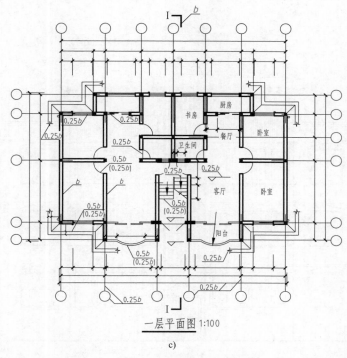

一层平面图 1:100

c)

图 3-3-5 平面图的绘制步骤（续）

c）检查后，加黑、加粗图线，标注轴线编号等

任务4 建筑立面图

如图 3-4-1 所示为某单位住宅楼的建筑正立面图。下面介绍应如何阅读及绘制立面图。

任 务 分 析

一座建筑物是否美观，很大程度上取决于它在主要立面上的艺术处理，包括造型与装修是否优美。在设计阶段，立面图主要是用来研究这种艺术处理的。在施工图中，它主要反映房屋的外貌和立面装修的做法。

在与房屋立面平行的投影面上所作房屋的正投影图，称为建筑立面图，简称立面图。应该熟练掌握立面图的阅读及绘制方法。

相 关 知 识

3.4.1 立面图的用途、形成及命名

1. 立面图的用途

立面图主要是用来表达房屋外部造型、门窗位置及形式、阳台、雨篷、雨水管、勒脚、

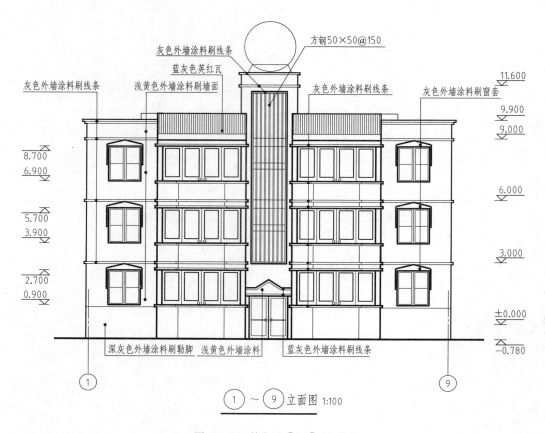

图 3-4-1　某住宅①~⑨立面图

台阶、花台等建筑细部的形状和外墙面的装修材料及做法。建筑立面图在设计过程中，主要用于研究建筑立面的艺术处理；在施工过程中，主要用于室外装修。

2. 立面图的形成

建筑立面图是在与房屋平行的投影面上对房屋外部形状所作的正投影，一般不图示房屋的内部构造，只图示房屋的外部形状。

3. 建筑立面图的命名

为了完整地表示出房屋的各个立面外形，通常要作出房屋各立面的立面图。立面图的命名方式一般有如下三种：

（1）以房屋的主要入口命名

以房屋的主要入口或比较显著地反映出房屋外貌特征的那一面为正面，投影所得的图称为正立面图，其余分别称为背立面图、左侧立面图和右侧立面图。

（2）以朝向命名

根据各立面的朝向来命名立面图。规定：房屋中朝南一面的立面图被称为南立面图，同理还有北立面图、西立面图和东立面图。

（3）以定位轴线的编号命名

对于那些不便于用朝向命名的房屋，还可以用定位轴线来命名。所谓以定位轴线命名，就是用该立面的首尾两个定位轴线的编号，组合在一起来表示立面图的名称，如图 3-4-1 所示。

以上三种命名方式，在绘图时，应根据实际情况灵活选用。

3.4.2　立面图的内容及规定画法

1. 主要内容

建筑立面图所表示的主要图示内容有：

1）建筑立面图的图名及其比例。

2）注出建筑物两端或分段的定位轴线及其编号。

3）表示建筑物的立面造型、外形轮廓（包括门、窗的形状位置及开启方向以及台阶、雨篷、阳台、檐口、墙身、勒脚、屋顶、雨水管等的形状和位置）。

4）注出建筑物外墙各主要部分的标高。

5）标出各部分构造、装饰节点详图的索引符号。用图例或文字或列表说明房屋外墙面的装修材料及做法。

2. 立面图的规定画法

（1）图名、比例

比例与建筑平面图相同。

（2）图线

为了立面图外形清晰、层次分明，通常采用加粗实线（1.4b）画出室外地坪线；粗实线（b）画出建筑物外轮廓；用中实线（0.5b）画出立面上的主要轮廓，如门窗洞、雨篷、阳台、台阶、花台、遮阳板、窗套等建筑设施或构（配）件的轮廓线；采用细实线（0.25b）绘制一些较小的构（配）件和细部的轮廓线，表示立面上凹进或凸出的一些次要构造或装修线，如雨水管、墙面上的引条线、勒脚等，还有立面图中的图例线、门窗扇的图例线和开启线等。

（3）图例

由于立面图的比例较小，如门窗扇、檐口构造、阳台栏杆和墙面复杂的装修等细部往往只用图例表示，见表 3-3-1 "常用建筑构造及配件图例"，它们的构造和做法，另有详图或文字说明。

（4）标高

立面图中房屋各主要部分的高度是用标高表示的。一般要标注：±0.000 标高、室内外地面、楼面、屋檐及门窗洞、雨篷底、阳台底、勒脚、窗台等各部位的标高。也可标注相应的高度尺寸，如有需要，还可标注一些局部尺寸。

通常，立面图的标高，应注写在立面图的轮廓线以外。注写时要上下对齐，大小一致，并尽量使它们位于同一条铅垂线上。

立面图中所注的标高有两种：建筑标高和结构标高。一般情况下，用建筑标高表示构件的上表面（如阳台上表面、檐口顶面等），而用结构标高来表示构件的下表面（雨篷、阳台底面等），但门窗洞的上下两面则必须都标注结构标高。

（5）装饰做法的表示

一般情况下，外墙以及一些构（配）件与设施等的装饰做法，在立面图中常用指引线作文字说明或材料图例表示，但有时也可写在设计总说明里。

1. 阅读实例

（1）阅读正立面图

现以图 3-4-1 所示的某住宅楼建筑立面图为例，介绍建筑立面图的阅读方法。

阅读步骤：

1）了解图名、比例。根据图名①~⑨立面图，再对照前面的图 3-3-1 所示的底层平面图，可以确定，①~⑨立面图也就是该住宅楼的正立面图，比例与平面图一致为 1∶100。

2）了解房屋的体形及立面造型。根据立面的造型特点可以大体确定房屋的使用性质（如住宅、商场、影剧院、写字楼、工厂等）。该楼为三层、一个单元的住宅楼，屋顶是带女儿墙的平屋顶，外形是长方体，两边以楼梯间为对称，中间楼梯间高出屋顶平面。

3）了解门窗的类型、位置及数量。该楼正面每层中间为楼梯间的窗子，底层是双扇外开单元门；两边各有一樘窗和一个阳台，该窗为双扇铝合金推拉窗，阳台门为四扇铝合金组合推拉门。

4）了解其他构（配）件。单元门上面有一个雨篷，中间楼梯间的窗子和两边的窗子都有窗套，楼梯间的顶部有一球形水箱。

5）了解各部分标高。室外地坪的标高为-0.78m，比室内低 780mm。中间楼梯间最高处（女儿墙顶面）的标高为 11.6m，两边屋顶的最高处（女儿墙顶面）的标高为 9.9m，其余部分标高如图 3-4-1 所示。

6）了解外墙面的装饰等。从图中的文字说明，可知房屋一楼窗台以下的勒脚部分外墙面为深灰色外墙涂料粉刷，窗套用灰色外墙涂料粉刷，单元入口雨篷用浅黄色外墙涂料粉刷，其余部分为淡黄色外墙涂料粉刷，其他细部如图 3-4-1 所示。

（2）阅读其他立面图

阅读正立面图时，应配合其他立面图一起进行。如⑨~①立面图（背立面图）、Ⓐ~Ⓕ立面图（左侧立面图），如图 3-4-2、图 3-4-3 所示。

2. 绘制建筑立面图的步骤和方法

1）画出室外地坪线、楼面线、屋面线、两端的定位轴线、外墙轮廓线等，如图 3-4-4a 所示。

2）由平面图定出门窗位置，并画出细部。门窗洞、窗台、雨篷、檐口、勒脚、墙面分格线等，如图 3-4-4b 所示。

3）检查后按要求加粗、加深图线。

4）标注尺寸、标高和轴线编号，书写文字说明、图名及比例等，如图 3-4-4c 所示，最后完成正立面图。其他立面图的画法与正立面图一样。

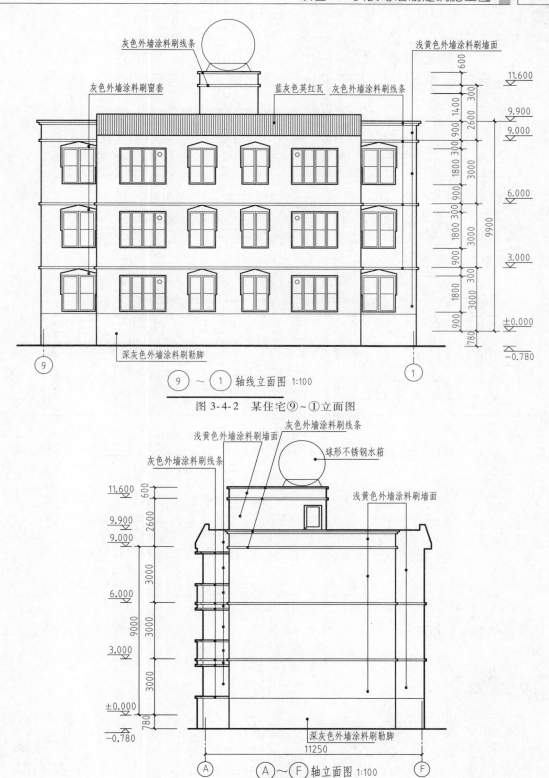

图 3-4-2　某住宅⑨~①立面图

图 3-4-3　某住宅Ⓐ~Ⓕ立面图

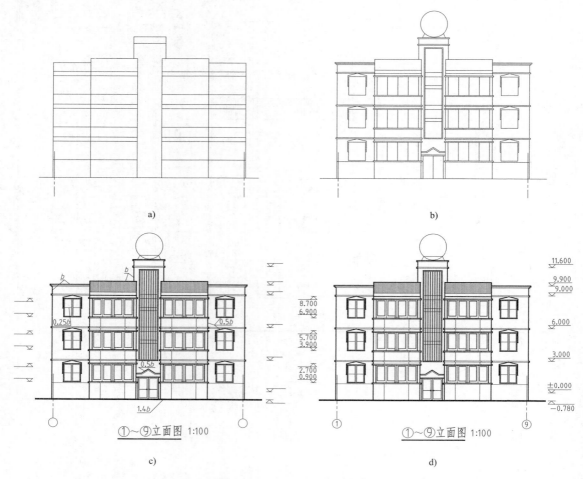

a) b) c) d)

图 3-4-4 立面图的作图步骤

a）画室外地坪线、楼面线、定位轴线等 b）定出门窗位置，并画出细部等
c）标注尺寸、标高、轴线编号等 d）完成立面图

任务5 建筑剖面图

如图 3-5-1 所示为某单位住宅楼的建筑剖面图。在学习过程中应掌握剖面图的阅读及绘图方法。

假想用一个或多个垂直于外墙轴线的铅垂剖切面，将房屋剖开，所得的投影图，称为建筑剖面图，简称剖面图。剖面图是展示建筑物内部构造的图形，设计人员通过剖面图的形式可以更好地表达设计思想和意图，使阅图者能够了解建筑物的内部结构及其做法以及材料的使用。学习阅读和绘制建筑剖面图的基础是前面已学习过的"剖面图"一节的相关内容。

3.5.1 剖面图的用途及形成

建筑剖面图是假想用一个或多个铅垂的剖切平面将房屋剖切开，移去剖切面与观察者之间的房屋，将留下部分向投影面投影所得的正投影图样，称为建筑剖面图，简称剖面图。

建筑剖面图是表示建筑物的垂直方向的高度、楼层分层、垂直空间的利用以及简要的结构布置和构造方式等情况的图样。

剖面图的剖切位置，应选择在内外部结构和构造比较复杂或有变化以及有代表性的部位，如尽可能地通过门、窗洞、楼梯间等位置。剖切面方向常采用横向，即平行于房屋侧面，必要时也可纵向，即平行于房屋正面。剖切面数量视建筑物的复杂程度和实际情况而定。一般情况下，选用单一剖切平面，但在需要时，也可用两个或两个以上平行的剖切平面剖切，习惯上，剖面图中不画出基础部分。

3.5.2 剖面图的内容及规定画法

1. 主要内容

建筑剖面图所表示的主要图示内容有：

1）建筑剖面图的图名及其比例。

2）墙、柱的定位轴线及其间距尺寸。

3）建筑物的竖向结构布置和内部构造。

4）建筑物各部位完成面的标高及高度方向的尺寸标注。

5）有关图例和文字说明。

2. 规定画法

（1）定位轴线

在剖面图中通常只需画出图中两端的墙、柱的定位轴线、编号及其轴线间尺寸，以便与平面图对照。

（2）图线

剖面图中室外地坪线画加粗线（1.4b）。用粗实线画出所剖切到建筑实体切面轮廓线，如剖切到的墙体、梁、板、地面、楼梯、屋面层等；用细实线（0.25b）画出投影可见的建筑构、配件轮廓线，如门、窗洞、洞口、梁、柱、楼梯梯段及栏杆扶手、室外花坛、可见的女儿墙压顶，内外墙轮廓线、踢脚线、勒脚线、门、窗扇及其分格线，水斗及雨水管，外墙分格线等。投影可见物以最近层面为准，从简示出。凡比例>1：100的剖面图应绘出楼面细线；比例≤1：100时，据实际厚度而定，厚则绘出，否则可不绘。

（3）图例

在剖面图中门、窗等均按规定的图例来绘制，详见表3-3-1。砖墙和钢筋混凝土的材料图例与平面图相同。

（4）尺寸和标高标注

建筑剖面图中应标注出竖直方向剖到部位的尺寸和标高。外部尺寸有：外墙的竖向尺寸，一般也标注三道尺寸。第一道尺寸为门、窗洞及洞间墙的高度尺寸（将楼面以上及楼面以下分别标注）。第二道尺寸为层高尺寸，即底层地面至二层楼面、各层楼面至上一层楼面，顶层楼面至檐口处屋面等。第三道尺寸为室外地面以上的总高度尺寸。总高度尺寸通常按如下规定标注：由室外地坪至平屋面挑檐口上皮或女儿墙顶面或坡屋顶挑檐口下皮总高度，坡屋面檐口至屋脊高度单独注写，屋面之上的楼梯间、电梯机房、水箱间等另加注其尺寸。内部尺寸有：内墙上的门、窗洞高度，窗台的高度，隔断、搁板、平板、墙裙等的高度。同时要标注室外地坪、各层的地面、楼面、女儿墙顶面、屋顶最高处的相对标高。

注写标高和尺寸时，应注意与立面图、平面图一致。

1. 阅读实例

图 3-5-1 所示为某住宅楼建筑剖面图。现以此为例，介绍建筑剖面图的阅读方法。

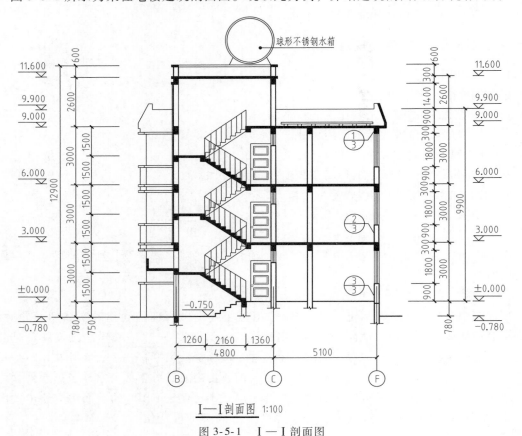

I—I剖面图 1:100

图 3-5-1　I—I 剖面图

阅读步骤：

1）了解剖切位置、投影方向和比例。从图 3-3-1 所示的建筑平面图可知，I—I 剖面图的剖切位置及投影方向，所用绘图比例与平面图一致，也为 1：100。

2）了解墙体的剖切情况。I—I 剖切面剖切到Ⓑ、Ⓒ、Ⓓ、Ⓕ四道承重墙。图中Ⓑ、

Ⓒ轴线间主要表示楼梯间的剖面，Ⓒ到Ⓕ轴线间分别为卫生间和书房的剖面。墙体为砖墙，窗洞上有一道钢筋混凝土圈梁，顶层圈梁与屋面及女儿墙浇筑成整体结构。Ⓑ轴线所在墙为楼梯间外墙，在-0.750m 以上为门洞，门洞上方的梯梁与雨篷板连为一体。Ⓒ、Ⓓ轴线所在墙为内墙，Ⓕ轴为外墙。

3）了解地面、楼面及屋面构造。由于另有详图，所以在Ⅰ—Ⅰ剖面图中，只示意性地用涂黑表示了地面、楼面和屋面的位置及屋面架空隔热层。

4）了解楼梯的形式和构造。该楼梯为平行双跑式，每层有两个等跑梯段。图中涂黑部分为剖切到的梯段，从标高-0.750 地面先上 5 个踏步到达底层地面（标高±0.000），从下面的一层到上一层都有 18 个踏步，故在平面图中标有"上18""下18"的字样，该楼梯为现浇钢筋混凝土板式结构。

5）了解各部分的标高、高度尺寸。

2. 绘制建筑剖面图的步骤和方法

1）确定定位轴线、室内外地坪线、各层楼面线、楼梯休息平台线等，如图 3-5-2a 所示。

2）画出内、外墙身厚度，楼板、屋顶构造厚度，再画出门窗洞高度，过梁、圈梁、雨篷、檐口、楼梯及台阶等轮廓；再画出剖切到的可见轮廓线，如梁、柱、阳台、门窗楼梯扶手等，如图 3-5-2b 所示。

3）标注尺寸和标高，书写图名、比例等，完成全图，如图 3-5-2c 所示。

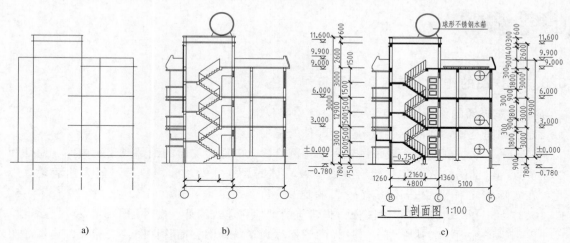

图 3-5-2 剖面图的画法和步骤

a）画出定位轴线、室内、外地坪线、各层楼面线等 b）画出内外墙厚度、楼板、屋顶厚度、门窗高度、楼梯等

c）标注尺寸和标高、书写图名、比例，完成全图

任务6 建 筑 详 图

图 3-6-1、图 3-6-2 所示为某单位住宅楼的建筑详图。在学习过程中应掌握详图的阅读及绘图方法。

任务分析

建筑详图是建筑平面图、立面图、剖面图的补充。因为立面图、平面图、剖面图的比例尺较小，建筑物上许多细部构造无法表示清楚，根据施工需要，必须另外绘制比例尺较大的图样才能表达清楚。建筑详图的阅读与绘制是非常重要的。

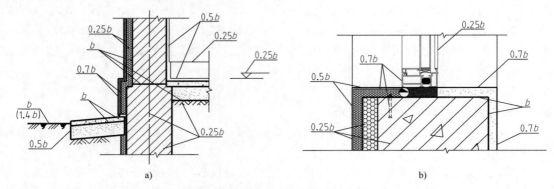

图 3-6-1 墙身剖面及详图图线的选用

a）墙身剖面图的图线宽度的选用 b）详图的图线宽度的选用

相关知识

3.6.1 详图的作用、特点和常用符号

1. 建筑详图的作用、特点

建筑详图是建筑细部或建筑构件、配件的施工图。

建筑平、立、剖面图一般采用较小的比例绘制，因而对房屋的细部或建筑构件、配件和剖面节点等细部的样式、连接组合方式，及具体的尺寸、做法和用料等不能表达清楚。因此，在实际施工作业中，还需有较大的比例（1∶50、1∶30、1∶25、1∶20、1∶15、1∶10、1∶5、1∶2、1∶1）的图样，将建筑的细部和建筑构件、配件的形状、材料、做法、尺寸大小等详细内容表达在图上，这样的图样称为建筑详图，简称详图。实际上，建筑详图是一种局部放大图或是在局部放大图的基础上增加一些其他图样。

详图的特点，一是比例较大，二是图示内容详尽（材料及做法、构件布置及定位等），三是尺寸、标高齐全。

详图数量的选择，与房屋的复杂程度及平、立、剖面图内容和比例有关。

2. 常用符号

在建筑详图中经常使用索引符号、详图符号和材料图例符号等。

3. 图线宽度的选用

在建筑详图中图线宽度的选用可按图 3-6-1 所示进行绘制。

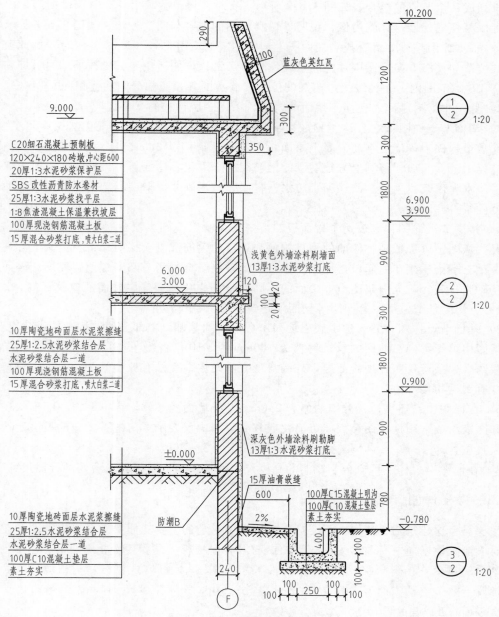

图 3-6-2 某住宅外墙剖面详图

3.6.2 墙身详图

外墙身详图，它是建筑剖面图中外墙的局部放大图。用它详细表达房屋基础以上至屋面整个墙身的各个节点（屋面、楼层、地面和檐口等）的尺寸、材料和构造做法，是施工的重要依据。

多层房屋中，若中间各楼层节点构造相同时，可只画地面节点、屋面节点和一个楼面节点，但在楼面节点标注标高时要标注中间各层的楼面和窗台的标高。画图时，在窗洞中间断开，排列成几个节点的组合，如图 3-6-2 所示。有时，可单独画出一个节点详图。

现以某住宅外墙身详图为例，说明外墙身详图的内容与阅读方法，如图 3-6-2 所示。

1）根据详图编号，可查找到剖面图上与它相应的索引符号（见图 3-5-1），由此可知该详图的位置和投影方向。图中标注的轴线编号，表示该详图适用于Ⓕ轴线的墙身，即在横向轴线②~⑧的范围内，Ⓕ轴线上过窗洞的位置，墙身的各相应部分的构造相同。

2）详图中，对屋面、楼面、地面的构造，采用多层构造的文字说明方法表示。

3）屋面节点详图：它表达了顶层窗洞以上部分的结构和构造状况。从图中可了解到：屋面的承重构件为现浇的钢筋混凝土屋面板，挑出外墙面 350mm，且上翻 900mm 高的现浇钢筋混凝土女儿墙；窗洞上方是现浇的钢筋混凝土圈梁；屋面板上做有焦渣混凝土保温兼找坡层、水泥砂浆找平层、改性沥青防水卷材层、水泥砂浆保护层和架空隔热层，屋面板下是水泥砂浆打底，喷大白浆两道。

4）楼层节点详图：它表达了楼面板的下一层窗洞以上到本层窗台以下部分的结构和构造状况。从图中可了解到：楼面的承重构件为现浇的钢筋混凝土楼面板，与窗洞上方现浇的钢筋混凝土圈梁连接在一起；楼面板上做有水泥砂浆结合层两道和陶瓷地砖面层，楼面板下是水泥砂浆打底，喷大白浆两道。楼面的标高数字 3.000 是第二层楼面的建筑标高，6.000、9.000、…依次是第三层、第四层等楼面的建筑标高。

5）地面节点详图：它表达了底层地面窗台以下到基础以上部分的结构和构造状况。

从图中可了解到：地面的承重构件为 100mm 厚 C10 素混凝土垫层，之上做 25mm 厚水泥砂浆结合层一道及陶瓷地砖面层；外墙身设有防潮层，室外有坡度为 2%、宽为 600mm 的散水并有明沟相接。

6）在详图中，还表达了外墙的厚为 240mm 及外墙面的装修。窗框、窗扇的形状和尺寸另有详图表示或采用标准图，因此可简化或省略。图中仅表示了窗框、窗扇的粗略形状和安装的大致位置。

7）在详图中，标注了窗台、窗洞的高度尺寸及地、楼、屋面和窗台面的标高尺寸。

3.6.3　楼梯详图

楼梯是多层建筑物各楼层上下交通的主要设施。它的主要功能是满足行走方便和在紧急情况时人流疏散畅通。目前多采用现浇的钢筋混凝土楼梯。楼梯主要由楼梯段（简称梯段，包括踏步和斜梁）、平台（包括平台板和平台梁）和安全栏杆（或栏板）等组成。

梯段上的一个踏步称为一级（n—表示级数），由一个水平踏面（b—表示踏面宽）和一个垂直踢面（h—表示踢面高）组成。

平台分为楼层平台和中间平台（又称为休息平台），如图 3-6-3 所示。

楼梯的构造一般较复杂，需要另画详图表达。楼梯详图主要表达楼梯的类型、结构形式、各部位的尺寸及装修做法，是楼梯施工放线的主要依据。

楼梯详图一般包括楼梯平面图、剖面图及踏步、栏杆（板）详图等，应尽可能画在同一张图纸上。平面图与剖面图的比例（常用 1：50）应一致，以便对照阅读。踏步、栏杆（板）详图的比例要更大一些，以便表达清楚该部分的构造和尺度。楼梯详图一般分为建筑详图和结构详图，并分别绘制，分别编入"建施"和"结施"图中。对一些构造和装修较简单的现浇钢筋混凝土楼梯，其建筑和结构详图可合并绘制，编入"建施"和"结施"图

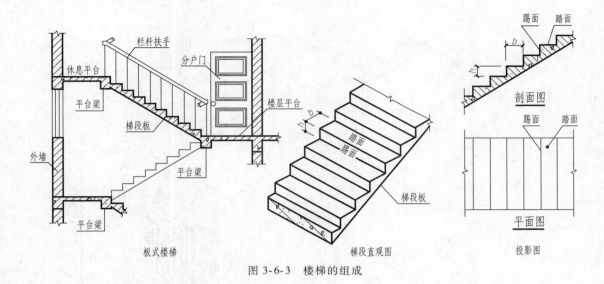

图 3-6-3　楼梯的组成

中均可。

1. 楼梯平面图

一般每一楼层都可画一楼梯平面图。三层以上的房屋，若中间各层的楼梯形式、位置和构造、尺寸大小等完全相同时，通常只画出底层（首层）、一个中间层（标准层）和顶层三个平面图。中间各层的平台面和楼面的标高数字写在标准层相应的标高数字之上或之下，如图 3-6-5 中的标准层平面图所示。

（1）楼梯平面图的形成

用一假想水平面沿该层上行的第一个梯段中部（休息平台下）的任意一位置剖切开后，向下投影而得，如图 3-6-4a 所示。

各层被剖切到的梯段，按"国标"规定，均在平面图中用一条 45°折断线表示。在每一梯段起始处（与地、楼面连接处）画一长箭头，并注写"上"或"下"和步级数，说明从该层楼（地）面往上（或往下）走多少步级可到达上（或下）一层的楼（地）面。如图 3-6-5中，箭尾处的"上 18"和"下 18"。

（2）楼梯平面图的内容

楼梯平面图中表达了楼梯间的轴线及编号，墙身的厚度，门、窗的位置、大小，楼梯的平台、梯段及栏杆的位置、大小等，同时还表达出梯段上的各步级的踏面（图中为矩形）和踢面（积聚为直线）。设一梯段的步级数为 n，踏面宽为 b，则该梯段的踏面数为（$n-1$），因为最后一个踏面就是平台面或楼面。n 条线表示步级的 n 个铅垂踢面。在平面图上标注梯段长度尺寸时，标注为 $(n-1) \times b =$ 梯段长。本例中（图 3-6-5），$8 \times 270\text{mm} = 2160\text{mm}$，表示该梯段有 8 个踏面，每个踏面宽为 270mm，梯段长为 2160mm。

在画楼梯底层平面图时，因为剖切位置在第一梯段，所以底层平面图中，只画出了第一个梯段的一部分和底层地面与门厅地面连接的一个小梯段。因需要满足入口处净空高度 ≥ 2000mm 的要求，底层地面高于门厅地面 750mm。两地面之间用 5 级的梯段连接，每级高 150mm。在向上的梯段处标注"上 18"的长箭头；在向下的梯段处标注"下 5"的长箭头。

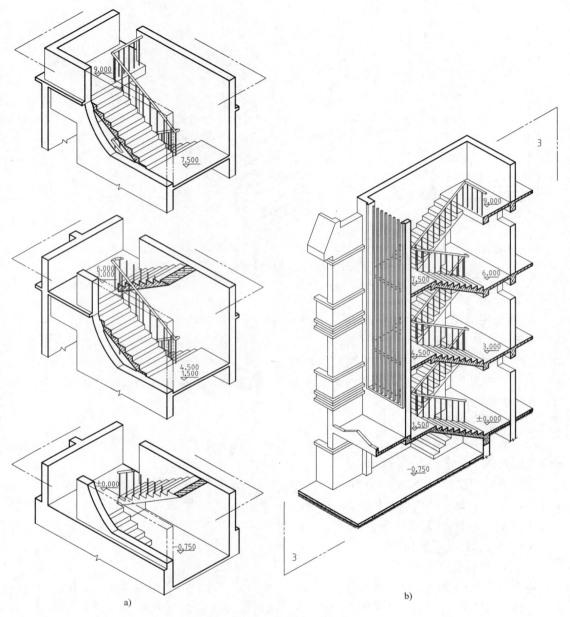

图 3-6-4 楼梯立体图

a）楼梯平面图的形成 b）楼梯剖面图的形成

在底层平面图上还需标注楼梯剖面图的剖切位置和编号。为了标注梯段的长度，被剖向上的梯段应保留一个梯段长（45°折断线由最后一个踢面与墙面的交点开始画出）。

标准层平面图中，既画出从楼层平台至上一层楼面的梯段（画有"上18"字样的长箭头），还画出该层向下的完整的梯段（画有"下18"字样的长箭头）、楼梯休息平台和由该平台向下的梯段，这部分梯段与被剖切的向上的梯段的投影重合，以45°折断线为分界。

顶层平面图中，画有两个完整的梯段和中间平台，因没有剖到的梯段，梯段上不画45°

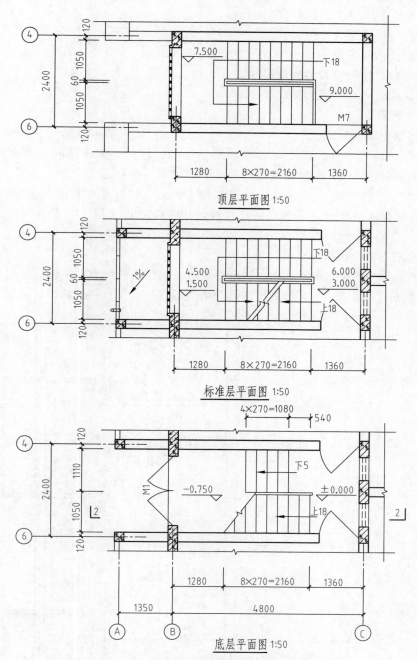

图 3-6-5　某住宅楼梯平面详图及其主要内容

折断线。在楼梯口处标注"下 18"的长箭头。在楼层平台凌空的边上需安装上安全栏杆，以保证安全。

（3）尺寸和标高

楼梯平面图上通常应标注下列尺寸和标高：

1）楼梯间的开间、进深尺寸（轴线间尺寸）。

2）梯段长、平台宽及定位尺寸。

3）梯段宽、梯井宽及定位尺寸。

4）其他必要的一些细部尺寸。

5）楼层平台、中间平台的标高尺寸。

6）底层地面、入口地面的标高尺寸。

2．楼梯剖面图

（1）楼梯剖面图的形成

假想用一个铅垂剖切面（2—2），通过楼梯间门、窗洞，沿梯段的长度方向将楼梯剖开，向另一未剖到的梯段方向投射所得的剖面图，如图3-6-4b所示。

楼梯剖面图应能完整、清晰地表达出各梯段、平台、栏杆等的构造及它们的相互关系。本例楼梯，每层有两个梯段，称为双跑式楼梯。从图中可知这是一个现浇钢筋混凝土板式楼梯。

（2）楼梯剖面图的内容

图3-6-6所示为楼梯剖面图。楼梯剖面图表达出楼梯的梯段数、步级数及楼梯的类型和结构形式，还表达了楼地面、平台的构造和与墙身的连接，以及栏杆的形式和做法等。

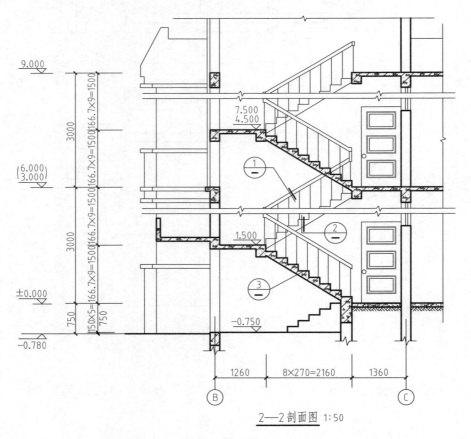

2—2剖面图 1:50

图 3-6-6　某住宅楼梯剖面详图及主要内容

在多层房屋中，若中间各层楼梯的构造相同时，楼梯剖面图可只画出底层、一个中间层和顶层，中间用折断线分开。将各中间层的楼面、平台面的标高数字标注在所画中间层的相应位置，并加上括号。通常，楼梯间的屋面若已在墙身详图或其他图样上表达时，可在顶层上部用折断线断开，不再画出剖到的屋面。

楼梯剖面图中，梯段斜栏杆和顶层水平栏杆的高度一般为900mm。斜栏杆的高度是由踏面中心垂直量到扶手顶面。

本例楼梯为前面所讲某单位住宅楼的楼梯，各梯段级数相同 $n=9$，踏面宽相等 $b=270$mm，踢面高相等 $h=166.7$mm。因此，各梯段的梯段长和梯段高相等，即：梯段长 8×270mm$=2160$mm，梯段高 9×166.7mm$=1500$mm。门厅入口处的地面比底层室内地面低 750mm，有5级150mm高的台阶连接。

在第一、第二跑梯段上有索引①、②、③，在剖面详图上，踏步、扶手和栏杆等另有详图，用更大比例画出它们的类型、大小、材料及构造情况，如图3-6-7所示。

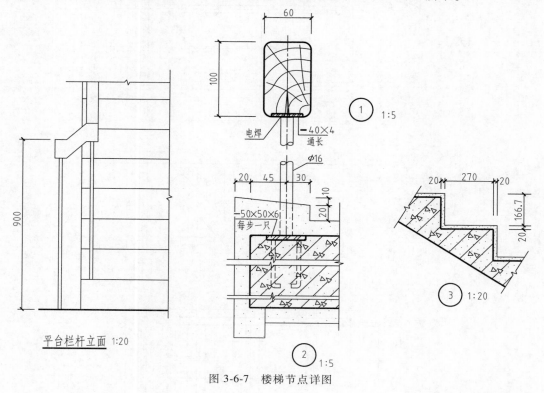

图 3-6-7　楼梯节点详图

（3）尺寸和标高

楼梯剖面图上通常应标注下列尺寸和标高：

1）楼梯间的进深尺寸（轴线间尺寸）。

2）梯段长、平台宽及定位尺寸（注法同平面图）。

3）层高尺寸。

4）梯段高尺寸（注法：$n \times h =$ 梯段高，h—踢面高）。

5）其他必要的一些细部尺寸。

6）楼层平台、中间平台的标高尺寸。

7）底层地面、入口地面的标高尺寸。

8）楼层平台、中间平台梁底及入口门洞等的标高。

 任务实施

通过对楼梯详图相关知识的学习，掌握楼梯详图的绘制方法是十分重要的。

1. 楼梯平面详图的画法

绘图步骤如下：

1）画楼梯间平面图：定轴线。根据开间尺寸2400mm，画出横向轴线④、⑥；根据楼梯间进深尺寸4800mm和门厅进深尺寸1350mm，画出纵向轴线Ⓐ、Ⓑ、Ⓒ。画墙厚、门、窗洞口等，如图3-6-8a所示。

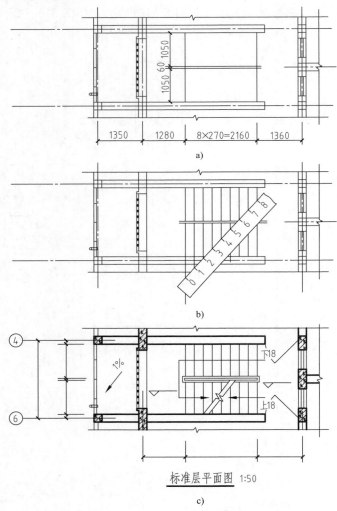

图 3-6-8　楼梯平面详图的画法步骤

a）画楼梯间，定轴线、墙厚、门、窗的位置，定梯段的位置及梯段长、梯段宽、梯井宽

b）画踏步，（n-1）等分梯段长　c）画细部，加深图线，注尺寸、标高，完成全图

2）画梯段：根据定位尺寸 1280mm，确定梯段的位置和梯段长（2160mm），并确定梯段宽（1050mm）、梯井宽（60mm）。将梯段长等分为 $n-1$ 个等分，画出梯段的投影，如图 3-6-8b 所示。

3）画栏杆扶手：环绕梯井画出扶手顶面宽，并在上行的梯段上画上 45°折断线。

4）加深图线，标注尺寸、标高等，完成楼梯平面图，如图 3-6-8c 所示。

2. 楼梯剖面详图的画法

根据楼梯平面图的剖切位置和投影方向，画出楼梯的 2—2 剖面图，比例与楼梯平面详图一致。

绘图步骤如下：

1）画室内、外地面，定轴线及各层楼面和中间平台面的高度线，如图 3-6-9a 所示。

2）根据定位尺寸 1280mm，确定梯段的位置和梯段长（2160mm），画踏步，如图 3-6-9b 所示。

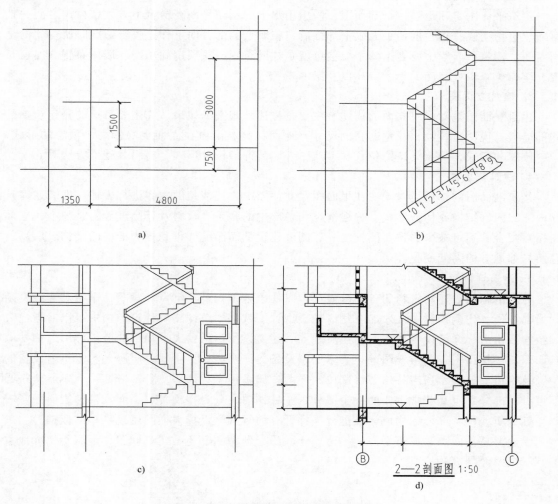

图 3-6-9 楼梯剖面详图的画法步骤

a）画室内、外地面，定轴线、平台高 b）定梯段位置、画踏步 c）画墙厚、楼板厚、平台梁、
阳台栏杆等细部 d）加深图线、注尺寸、标高等，完成全图

3）画墙厚及门、窗，画楼板厚、平台梁、栏杆、雨篷、阳台等，如图 3-6-9c 所示。

4）加深图线，标注尺寸、标高等，完成全图，如图 3-6-9d 所示。

1．建筑施工图的组成部分

看懂建筑施工图是学习结构设计的第一步，是整个建筑物设计的龙头，没有建筑设计，其他如结构、水电等专业设计也就谈不上设计了，所以看懂与绘制建筑施工图就显得格外重要。建筑施工图包括以下部分：图样目录、门窗表、建筑设计总说明、总平面图、平面图、立面图、剖面图、建筑详图等。作结构设计之前必须认真严谨地把建筑施工图彻底读透，要做到绝对明了建筑的设计构思和意图。

2．建筑平面图

建筑平面图实际也是一个剖面图，假想用水平的剖切平面在窗台上方、在窗洞之间，把整幢建筑物切开，移去剖切平面以上部分后，将剩余的部分向下作正投影，此时所得到的全剖面图。建筑平面图中要表达的主要信息就是柱网布置、每层房间功能、墙体布置、门窗布置、楼梯位置、柱截面大小、梁高以及梁的布置等。

3．建筑立面图

建筑立面图是对建筑立面的描述，主要是描述外观上的效果。它主要表达的是建筑物的外部形式，说明建筑物长、宽、高的尺寸，地面标高、门窗在立面上的标高，顶层的形式，阳台位置和形式，门窗洞口的位置和形式，外墙装饰的设计形式，材料及施工方法等。

4．建筑剖面图

建筑剖面图的作用是对无法在平面图及立面图中表述清楚的内容进行表述，即表述建筑物内部的内部结构或构造形式、分层情况和各部位的联系、材料及其高度等，是与平、立面图相互配合的不可缺少的重要图样之一。阅读建筑剖面图能够得到更为准确的结构、层高信息及局部地方的高低变化等。

5．建筑详图

为更清晰地表述建筑物的各部分做法，以便于施工人员了解设计意图，需要对构造复杂的局部按较大比例绘制图样才能表达清楚，这种图就是建筑详图。建筑详图中可以清晰地表示结构或构造、详细说明做法、标注尺寸等。建筑详图包括：表示局部构造的详图，如外墙身详图、楼梯详图、阳台详图等；表示房屋设备的详图，如卫生间、厨房、实验室内设备的位置及构造等；表示房屋特殊装修部位的详图，如吊顶、花饰等。楼梯是每一个多层建筑必不可少的部分，也是非常重要的一个部分，楼梯详图又分为楼梯各层平面及楼梯剖面图，需要仔细分析楼梯各部分的构成，在进行楼梯计算的时候，楼梯大样图就是唯一的依据。

无论是总平面图、建筑平面图、建筑立面图、剖面图、还是建筑详图，都需要熟练地掌握其阅读及绘制方法。

项目4 识读与绘制结构施工图

项目目标

1. 了解钢筋混凝土结构的基本知识。
2. 熟悉钢筋混凝土结构图的图示方法。
3. 通过学习梁、板、柱、基础等建筑构造的组成和表达，学会识读、绘制简单的结构施工图。

任务1 项目知识准备

房屋设计中，建筑设计确定了建筑物的外形、内部布置、建筑构造和内外装修等内容。依据建筑设计绘制出建筑施工图后，还需要进行结构设计，即根据建筑各方面的要求，选择合理的结构类型并进行构件布置，再通过力学计算，确定各承重构件（如基础、梁、板、柱、墙等）的材料、截面形状、大小及内部构造等。将结构设计的结果按国家制图标准绘制成图样，该图样称为结构施工图，简称结施图。结构施工图是进行房屋实际施工，如施工放线、挖填土方、支承模板、配置钢筋、浇注混凝土、安装构件、编制预算及施工组织计划等的重要依据。结构施工图通常包括下列内容：结构设计总说明、基础平面图及基础详图、楼层结构平面图、屋面结构平面图、结构构件详图、楼梯结构详图、其他详图（如支承详图）等。

建筑是由不同的建筑材料构成的，常见的建筑承重结构所用材料，有钢筋混凝土、钢、木及砖石等，本任务主要介绍钢筋混凝土结构的有关知识。

因此，学好结构施工图需要对建筑常用的材料和结构表达方法有一定的了解，那么，我们需要准备哪些方面的知识呢？

任务分析

钢筋混凝土材料是目前最常用的建筑材料，因此在正式学习之前，熟悉以下关于钢筋混凝土结构方面的知识是非常必要的。需要熟悉的内容主要包含以下几个方面：

1）混凝土的基本组成和性能。
2）钢筋的基本组成和表示方法。
3）钢筋的作用和分类。
4）保护层和弯钩。

1. 混凝土的基本组成和性能

混凝土是由水泥、石子、砂及水按一定比例配合搅拌均匀后，浇入定形模板，经振捣密实和养护后形成的一种坚硬如石的材料。按其抗压强度的不同，混凝土的强度等级分为C15、C20、C25、C30、C35、C40、C45、C50、C55、C60、C65、C70、C75、C80十四个等级，数值越大，表示混凝土的抗压强度越高。混凝土的抗压强度较高，抗拉强度较抗压强度则低得多，一般仅为抗压强度的 1/10~1/20，容易因受拉而断裂。为了解决混凝土抗拉强度较低的问题，常在混凝土构件的受拉区配置一定数量的钢筋，钢筋具有良好的抗拉强度，并且与混凝土有良好的黏结力，两者形成一个整体，钢筋主要承担拉力，混凝土主要承担压力，充分发挥了两种材料各自的优点，使混凝土构件的承载能力大大提高。这种由混凝土和钢筋两种材料形成整体的构件，称为钢筋混凝土构件。钢筋混凝土构件有在现场原位支模并整体浇筑而成的，也有在工厂预制后运至使用地进行安装的，分别称为现浇钢筋混凝土构件和预制钢筋混凝土构件。此外，有些构件在制作时通过预先张拉钢筋对混凝土施加一定的压力，从而提高构件的抗拉和抗裂性能，称为预应力钢筋混凝土构件，钢筋张拉的方法分为先张法和后张法两种。

2. 钢筋的基本组成和表示方法

我国的钢筋产品分为热轧钢筋、中高强钢丝和钢绞线、冷加工钢筋三大系列，在平常的钢筋混凝土结构中，热轧钢筋应用最为广泛。钢筋的主要成分是铁，含有一定量的碳，此外合金钢还含有其他的一些元素。钢筋按其强度和种类分成不同的等级，分别用不同的符号表示，以便标注及识别，见表 4-1-1。普通钢筋有光圆钢筋和带纹钢筋。HPB300 为光圆钢筋，其他钢筋为带纹钢筋，强度由 HPB300 到 HRB500 逐级提高。

表 4-1-1　常用钢筋的种类和代号

牌号	符号	公称直径 d/mm	屈服强度标准值 f_{yk}/(N/mm^2)	屈服强度标准值 f_{stk}/(N/mm^2)
HPB300	Φ	6~22	300	420
HRB335	Φ	6~50	335	455
HRB400	Φ	6~50	400	540
HRB500	Φ	6~50	500	630

3. 钢筋的作用和分类

如图 4-1-1 所示，按照钢筋在构件中所起作用的不同，可将钢筋分为以下几种：

1）受力筋。受力筋是构件中主要的受力钢筋。在构件中承受拉力的钢筋，称为受拉筋，承受压力的钢筋，叫作受压筋。在梁、板、柱等各种钢筋混凝土构件中都有配置。

2）箍筋。箍筋是构件中承受剪力和扭矩的钢筋，同时用来固定纵向钢筋的位置，一般用于梁、柱中。

3）架立筋。它与梁内的受力筋、箍筋一起构成钢筋的骨架。

4）分布筋。可分散集中荷载，与板内的受力筋一起构成钢筋的骨架。

5）构造筋。因构件的构造要求和施工安装需要配置的钢筋，如腰筋、预埋锚固筋等。

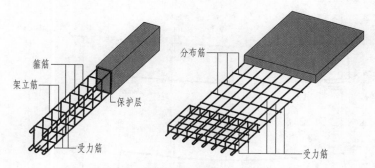

图 4-1-1　钢筋混凝土构件的配筋构造

架立筋和分布筋也属于构造筋的范畴。

4. 保护层和弯钩

为了保护钢筋，防火、防腐蚀、防锈以及加强钢筋与混凝土的粘接力，钢筋不能外露。结构构件中钢筋外边缘至构件表面范围用于保护钢筋的混凝土，简称为保护层。保护层厚度与环境、构件类型等有关系。根据 GB 50010—2010《混凝土结构设计规范》，梁、柱的保护层厚度最小为 20mm，板、墙的保护层厚度最小为 15mm。

为了加强钢筋和混凝土的粘接力，防止钢筋在受拉时滑动，应在光圆钢筋两端做成半圆弯钩或其他形式的弯钩；带纹钢筋的黏结力较强，可以不做弯钩。箍筋两端在交接处也要做出弯钩。弯钩的常见形式和画法如图 4-1-2 所示。

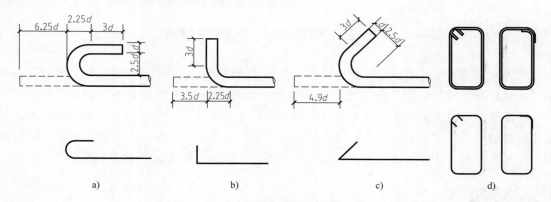

图 4-1-2　钢筋弯钩的形式和画法

a) 钢筋的半圆弯钩　b) 钢筋的直弯钩　c) 钢筋的45°弯钩　d) 箍筋的弯钩

知 识 拓 展

混凝土凝固后坚硬如石，受压能力好，但受拉能力差，容易因受拉而断裂。以简支梁为例，梁跨中下部受拉区在很小的拉力作用下即产生裂缝。为了解决这个问题，充分发挥混凝土的受压能力，常在混凝土受拉区域内或相应部位加入一定数量的钢筋，使钢筋承担拉力，在受拉区不考虑混凝土的抗拉能力，素混凝土结构和钢筋混凝土结构的裂缝形式及截面应力分布如图 4-1-3 所示。两种材料共同承担外力，保证钢筋和混凝土这两种力学性能截然不同

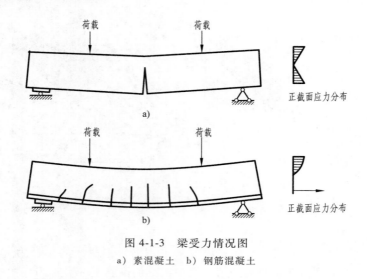

图 4-1-3 梁受力情况图

a) 素混凝土 b) 钢筋混凝土

的材料在结构中共同工作的基本前提是钢筋和混凝土能够可靠地黏结在一起。

除钢筋混凝土结构外，钢结构在建筑中也是较为常见的结构。钢结构是由各种形状的型钢组合而成的结构物，主要用于大跨度建筑和高层建筑。钢结构强度高，自重小，但防火防锈蚀能力较差，平常使用中维护成本较高。钢结构施工图主要包括基础结构图、结构布置图、屋面结构图和节点构件详图等，并有相关的制图标准，此处不再赘述。

任务 2　楼层结构平面布置图

结构平面布置图是表示建筑物各构件平面布置的图样，楼层结构平面布置图主要表达基础以上各楼层及屋顶构件平面布置，分为楼层结构平面布置图和屋顶结构平面布置图。

楼层结构平面图是假想沿楼板面将房屋水平剖开后所作的楼层结构水平投影图，用来表示每层楼的梁、柱、板、墙等承重构件的平面布置。如图 4-2-1 所示的二层、三层结构平面图，主要表达了什么内容？作为设计人员应该如何绘制它？下面进行具体介绍。

任务分析

楼层结构平面布置图作为指导施工且关系到施工和使用安全的主要设计文件，其内容应包括梁板的构造与配筋、墙柱尺寸及布置，墙柱梁的相互关系及构造节点做法，具体如下：

1）标注出与建筑图一致的轴线网及墙、柱、梁等构件的位置和尺寸，注出轴线间的尺寸。

2）现浇楼板的平面图上，标注楼板的钢筋配置，并标注预留孔洞的大小和位置。

3）标注圈梁或门窗洞口过梁的编号。

4）注出各种梁、板的结构标高。有时还需要注出梁的截面尺寸。

5）注出有关剖切符号或详图索引符号。

6）附注说明各种材料强度等级，板内分布筋的代号、直径、间距及其他要求等。

因此，在识读和绘制楼层结构平面布置图的过程中，需掌握这些内容的表达方法及绘图规范。

4.2.1　钢筋混凝土结构图图示方法

为了清楚地表达构件内部的钢筋配置情况，可将混凝土假定为透明体。主要表示构件内部钢筋配置的图样，称为配筋图，配筋图一般包括立面图、断面图和钢筋详图。对于简单的构件，钢筋详图可以不必画出，在钢筋表中用简图表示即可。

配筋图中的立面图，是假想混凝土为透明体而画出的一个纵向正投影图，主要表明钢筋的立面形状及上下排列情况。在立面图中，构件的轮廓线用细实线画出，钢筋简化为单线，用粗实线表示。箍筋只反映其侧面（一根线），当它的类型、直径、间距等均相等时，只需画出其中的一部分。

配筋图中的断面图，是构件的横向剖切投影图，一般在构件断面形状或钢筋数量和位置变化处，均需画一断面图，但不宜在斜筋段截取断面。断面图中轮廓线用细实线表示，剖到的钢筋圆断面用黑色圆点表示，未剖到的钢筋仍画成粗实线，并规定不画材料图例。

立面图和断面图中都应标出相一致的钢筋标号，并留出规定的保护层厚度。

对于外形复杂或设有预埋件（因构件安装或与其他构件连接需要，在构件表面预埋钢板或螺栓等）的构件，还需画出表示构件外形和预埋件位置的图样，称为模板图。在模板图中，应标注出构件的外形尺寸和预埋件型号及定位尺寸，它是制作构件模板和安放预埋件的依据。对于外形较为简单又无预埋件的构件，可不必画出模板图。

（1）建筑结构制图比例

根据图样的用途、被绘物体的复杂程度等，绘图时应该选用表 4-2-1 中的常用比例，特殊情况下也可选用可用比例。

表 4-2-1　结构施工图选用比例（GB/T 50105—2010）

图　　名	常用比例	可用比例
结构平面图、基础平面图	1∶50,1∶100,1∶150	1∶60,1∶200
圈梁平面图、总图中管沟、地下设施等	1∶200,1∶500	1∶300
详图	1∶10,1∶20,1∶50	1∶5,1∶30,1∶25

（2）常用构件的代号

在结施图中，为了简明扼要地表示结构构件的种类，并把构件区分清楚，便于施工、制表、查阅，按国标规定，将梁、板、柱等结构构件给予一定的代号。常用的构件代号，见表4-2-2。预制或者现浇的钢筋混凝土构件、钢结构构件等，一般可直接采用代号。预应力钢筋混凝土构件的代号，应在构件代号前加注"Y-"。

（3）建筑结构制图图线

根据复杂程度与比例大小，每个图样选用适当的基本线宽 b，再根据基本线宽选择其他线型的线宽。根据表达内容的不同，基本线宽和线宽比可适当地增加或减少。建筑结构专业制图应选用表 4-2-3 所示的线型。

表 4-2-2　常用构件代号（GB/T 50105—2010）

序号	名称	代号	序号	名称	代号	序号	名称	代号
1	板	B	15	吊车梁	DL	29	基础	J
2	屋面板	WB	16	圈梁	QL	30	设备基础	SJ
3	空心板	KB	17	过梁	GL	31	桩	ZH
4	槽形板	CB	18	连系梁	LL	32	柱间支撑	ZC
5	折板	ZB	19	基础梁	JL	33	垂直支撑	CC
6	密肋板	MB	20	楼梯梁	TL	34	水平支撑	SC
7	楼梯板	TB	21	檩条	LT	35	梯	T
8	盖板或沟盖板	GB	22	屋架	WJ	36	雨篷	YP
9	挡雨板或檐口板	YB	23	托架	TJ	37	阳台	YT
10	吊车安全走道板	DB	24	天窗架	CJ	38	梁垫	LD
11	墙板	QB	25	框架	KJ	39	预埋件	M—
12	天沟板	TGB	26	刚架	GJ	40	天窗端壁	TD
13	梁	L	27	构造柱	GZ	41	钢筋网	W
14	屋面梁	WL	28	柱	Z	42	钢筋骨架	G

表 4-2-3　建筑结构制图图线（GB/T 50105—2010）

名称		线型	线宽	用途
实线	粗	———	b	螺栓、钢筋线、结构平面图中的单线结构件线、钢木支撑及细杆线,图名下横线、剖切线
	中粗	———	$0.7b$	结构平面图及详图中剖到或可见的墙身轮廓线、基础轮廓线、钢木结构轮廓线、钢筋线
	中	———	$0.5b$	结构平面图及详图中剖到或可见的墙身轮廓线、基础轮廓线、可见的钢筋混凝土构件轮廓线、钢筋线
	细	———	$0.25b$	标注引出线、标高符号线、索引符号线、尺寸线
虚线	粗	— — —	b	不可见钢筋线、螺栓线、结构平面图中不可见的单线结构构件线及钢、木支撑线
	中粗	— — —	$0.7b$	结构平面图中不可见构件、墙身轮廓线及不可见钢、木结构构件线、不可见的钢筋线
	中	— — —	$0.5b$	结构平面图中不可见构件、墙身轮廓线及不可见钢、木结构构件线、不可见的钢筋线
	细	- - - -	$0.25b$	基础平面图中的管沟轮廓线、不可见的钢筋混凝土构件轮廓线
单点长画线	粗	—·—·—	b	柱间支撑、垂直支撑、设备检查轴线图中的中心线
	细	—·—·—	$0.25b$	中心线、对称线、定位轴线、重心线
双点长画线	粗	—··—··—	b	预应力筋线
	细	—··—··—	$0.25b$	原有结构轮廓线
折断线	粗	—∿—	$0.25b$	断开界面
浪线	细	∿∿	$0.25b$	断开界面

（4）钢筋的图例

一般钢筋的常用图例如表 4-2-4 所示，其他普通钢筋、预应力筋、钢筋网片、钢筋的焊接接头等可参阅 GB/T 50105—2010《建筑结构制图标准》。

表 4-2-4　常用钢筋图例（GB/T 50105—2010）

名　称	图　例	说　明
钢筋横断面	●	
无弯钩的钢筋端部		下图表示长短钢筋投影重叠时，短钢筋的端部用 45°斜画线表示
带半圆形弯钩的钢筋端部		
带直钩的钢筋端部		
无弯钩的钢筋搭接		
带半圆弯钩的钢筋搭接		
带直钩的钢筋搭接		
机械连接的钢筋接头		用文字说明机械连接的方式（如冷挤压或直螺纹等）
预应力筋或钢绞线		
预应力筋断面	＋	

（5）钢筋的尺寸标注

钢筋的标注应包括钢筋的编号、数量或间距、代号、直径及所在位置，通常沿钢筋的长度标注或标注在相应钢筋的引出线上。箍筋和板的分布筋，一般应标注出间距，不注数量。常见的钢筋标注方法有以下两种形式：

1）标注出编号、数量、代号和直径，常见于标注梁柱内的受力筋和架立筋。

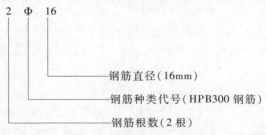

2）标注钢筋的编号、代号、直径、间距，一般不标注钢筋的根数，常见于标注箍筋及板内钢筋。

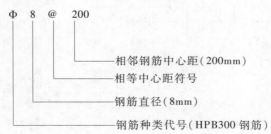

任 务 实 施

楼层结构平面布置图为现场安装或制作构件提供施工依据。对多层建筑，一般应分层绘制。但是如果一些楼层构件的类型、大小、数量、布置均相同时，可以只画一个布置图，并注明"XX层—XX层"，或"标准层"的楼层结构平面布置图。构件一般应画出其轮廓线，如能表达清楚时，也可用单线表示。梁、屋架、支撑、过梁等可用粗单点长画线表示其中心位置。如平面对称时，可采用对称画法。楼梯间和电梯间因另有详图，可在平面图上用一交叉对角线表示。

楼层结构平面布置图，分为楼层结构平面布置图和屋顶结构平面布置图，因屋顶结构平面布置图和楼层结构平面布置图基本相同，这里不再赘述。楼层结构平面布置图根据所采用的结构形式的不同，所包含的内容也有一些不同，视具体情况参照规范标准执行。

绘制楼层结构平面布置图时，可按下面的步骤和方法逐步绘制：

1）选择比例和布图。一般采用1∶100，建筑较为简单时也可采用1∶200。先画出两向轴线，所画轴线应该与建筑平面图保持一致且编号相同。

2）画墙、梁、柱的布置，确定它们的位置和大小。被剖切到的墙、柱等轮廓线用中实线表示，钢筋混凝土柱可以涂黑。楼板下的墙、柱轮廓线用虚线表示，圈梁用粗实线或虚线表示。门窗洞一般可不用画出。

3）画楼板结构平面图。对于现浇楼板，主要应画出板的钢筋详图，包括受力筋的形状和配置情况，并注明其编号、规格、直径、间距或数量等。如有相同的结构单元可简化，在其上写出相同的单元编号，其余的内容可以省略。

4）构件标注及详图。在结构平面图中需标注构件位置及构件类型，在图中空余位置绘出各构件的详图。如有圈梁或其他过梁，在其中心位置，用粗单点长画线画出。

5）标注各构件定位尺寸，如板厚、标高、柱定位尺寸等。

6）绘制各构件连接构造图。如构造柱与墙体的连接构造做法，圈梁各节点连接做法等。构造节点做法当有地方或国标图集统一做法时，可不必画出构造节点的做法，注明按《××图集》做法即可。

7）标注出与建筑平面图相一致的轴线尺寸及标号。

8）注说明，写文字。包括图样的图名、绘图比例、设计要求及施工要求等。

图4-2-1为某住宅二层、三层结构平面图，采用比例为1∶100，楼层标高为3.000m、6.000m。图中虚线为不可见构件的轮廓线，实线为建筑物外边线、楼梯间洞口边、与楼面标高不同处。本工程采用钢筋混凝土结构，柱涂成黑色，特殊板厚可直接标注在该楼板上，其余相同的板厚可直接在图下附加说明板厚即可。卫生间为便于安装卫生用具并便于排水，楼板面低于本层楼面40mm；厨房为防止积水较多时外溢至其他房间，楼板面低于本层楼面40mm。楼梯间做法可不画，另有楼梯详图表示。

结构平面图中除画出梁、柱、墙等构件外，主要还应画出板的钢筋配置情况，注明其直径、间距、长度、形状等。板钢筋采用粗实线表示，板底钢筋采用端部180°半圆弯钩钢筋，弯钩向上或向左表示；板顶钢筋用端部90°垂直弯钩钢筋，弯钩向下或向右表示。对于直

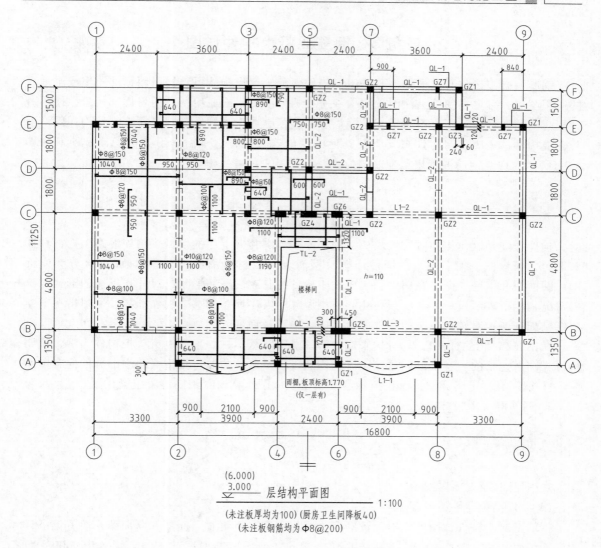

图 4-2-1   某住宅二层、三层结构平面图

径、间距相同的钢筋,平面图上可省略不标,仅在图名下附加说明表示即可。

结构平面图中应标出各轴线间尺寸、轴线总尺寸及有关构件的平面尺寸,如雨篷的外挑尺寸、楼梯楼面平台位置尺寸等。此外还应标出板面标高、楼板厚度等,也可用文字统一注写在结构设计说明中。

任 务 总 结

本节任务主要是对钢筋混凝土结构楼层平面布置图进行介绍,通过本节的学习,应能识读简单的楼层结构平面布置图,对图中所表达的内容能够理解。并可自行绘制简单的楼层结构平面布置图,熟悉图中应包括的内容,掌握不同构件所用的图线。

任务3 钢筋混凝土构件详图

钢筋混凝土构件有定形构件和非定形构件两种，定形构件可直接引用标准图集或本地区的通用图集，只要在图纸上注明选用构件所在的标准图集或通用图集的名称、代号，便可查到相应的结构详图，因而不必重复绘制。非定形预制或现浇构件，则必须绘制结构详图。对于现浇构件，还应表明构件与支座及其他构件的连接关系。下面学习如何识读及绘制如图4-3-1所示的现浇钢筋混凝土梁配筋图。

任务分析

构件详图是制作构件时安装模板、钢筋加工和绑扎等工序的依据。钢筋混凝土构件详图一般包括模板图、配筋图、预埋件详图及钢筋表（或材料用量表）。而配筋图又分为立面图、断面图和钢筋详图。在图中，主要表明构件的长度、断面形状与尺寸、钢筋的形式与配置情况，也可表示模板尺寸、预留孔洞与预埋件的大小和位置、轴线和标高。一般情况下主要绘制配筋图，对较为复杂的构件才画出模板图和预埋件详图。

在钢筋混凝土结构中，具有代表性的构件是梁、板、柱。本节以梁、板构件为例，说明构件详图所包括的内容及绘制这些图时的注意事项。本节主要包括下面两个部分的内容：

1. 钢筋混凝土梁详图：①识读钢筋混凝土梁详图；②绘制钢筋混凝土梁详图。
2. 钢筋混凝土板详图。

任务实施

1. 钢筋混凝土梁详图

（1）识读钢筋混凝土梁详图

钢筋混凝土构件详图的一般阅读顺序为：先看图名，再看立面图和断面图，后看钢筋详图和钢筋表。图4-3-1所示是一钢筋混凝土梁的立面图和断面图。从图名 $L(150 \times 300)$ 可知，其断面尺寸为宽150mm、高300mm。对照立面图和断面图，可知此梁断面为矩形。梁为现浇梁，梁的两端搁置在砖墙上，梁长为3840mm，由1-1断面可知，梁下方配置了三根受力筋，编号为①，直径为14mm，钢筋种类为HRB400；梁的上方配置了两根架立筋，编号为②，直径为12mm，钢筋种类为HRB400；箍筋的编号为③，直径为8mm，钢筋种类为HPB300，箍筋间距为200mm，亦可看出箍筋的形状。

从钢筋详图中可知，每种钢筋的编号、根数、直径、各段设计长度和总尺寸（下料长度），为钢筋下料工作提供依据。下料长度是指钢筋成型时，由于钢筋弯曲变形，要伸长一些，因此施工时实际下料长度要比理论长度短。缩短量即是钢筋的延伸率，延伸率的大小取决于钢筋直径（d）和弯折角度，直径和弯折角度越大，伸长越多，应减去的长度也就越多。通常90°弯折，延伸率取 $1d$；45°~60°弯折和半圆弯折，延伸率分别取 $0.7d$ 和 $1.5d$。2号钢筋下面的数字3790，表示该钢筋从一端弯钩外沿到另一端弯钩外沿的设计长度为3790mm，它等于梁的总长度减去两端保护层的厚度，此处保护层厚度取25mm，即

设计长度＝梁总长度−2×25mm＝（3840−50）mm＝3790mm

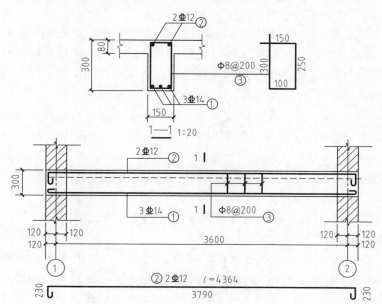

图 4-3-1　现浇钢筋混凝土梁配筋图

①号钢筋上面的 $l=3923$，是该钢筋的下料长度，它等于钢筋的设计长度加上两个弯钩的长度（2×6.25d），再减去其延伸率（2×1.5d）所得的尺寸，即

$$下料长度＝设计长度+2×6.25d−2×1.5d$$
$$=（3790+2×6.25×14−2×1.5×14）mm$$
$$=3923mm$$

③号箍筋的各段长度是指箍筋的里皮尺寸。箍筋下料长度参照下面的公式，但箍筋调整值需按要求查阅相关表格。其余钢筋的长度计算方法类似。

$$箍筋下料长度＝箍筋周长+箍筋调整值$$

（2）绘制钢筋混凝土梁详图

绘制钢筋混凝土梁，一般可依照下列步骤进行：

1）确定图样数量，选择比例，布置图样。钢筋立面图应布置在主要位置上，其比例一般为 1∶50、1∶40、1∶20。断面图可以布置在任何位置上，但排列要整齐，其比例一般适当放大，可用 1∶30、1∶20、1∶10。钢筋详图一般在立面图的上（下）方，但箍筋的位置可灵活些。

2）画配筋立面图。定轴线，画构件轮廓，画钢筋，绘支座，用中虚线表示与梁相关的板及次梁，标注剖切符号。

3）画断面图。根据立面图的剖切符号，分别画出各断面图。先画轮廓，后画钢筋。在画钢筋的横断面时，黑圆点要圆、大小适当且一致，位置要准确（要紧靠箍筋）。

4）画钢筋详图。将各类不同的钢筋单独抽出，画在与立面图相对应的地方，而且钢筋的排列顺序应与在立面图中的一致。

5）标尺寸，注标高。立面图中应标注轴线间距、支座宽、梁高及弯起钢筋起弯点到支座边等的尺寸。梁和板要注出其结构标高。断面图只标注梁的高度和宽度尺寸。保护层厚度一般不作标注。钢筋详图应沿各钢筋边标注各段设计长度及总的下料长度。

6）标注钢筋的编号、数量或间距、类别和直径。这些内容一般标注在引出线的上方。引出线可弯折，但要清楚，避免交叉，方向及长短要整齐。有时这些内容也可直接标注在钢筋上方。如立面图、断面图、钢筋详图同时画出，这些内容应标注在钢筋详图上，在立面图、断面图中只标出其编号，其余内容可省略。

7）编制钢筋表。钢筋表中一般应包含钢筋编号、钢筋规格、简图、数量、长度等内容，也可根据实际情况适当增减。

8）注写有关混凝土、砖、砂浆的强度等级及技术要求等说明。

2．钢筋混凝土板详图

图 4-3-2 所示为某建筑钢筋混凝土板的一部分，图中主要画出了板的配筋详图，表示受力筋、构造筋的形状和配置，注明其规格、直径、间距等。每种规格的钢筋只画一根，按其立面形状画在钢筋安放的位置。对弯起钢筋要注明起弯点到轴线的距离，以及伸入相邻板的长度。在钢筋混凝土板中设置双层钢筋时，底层钢筋弯钩应向上或向左画出，顶层钢筋弯钩应向下或向右画出，如图 4-3-3 所示。平面图中与受力筋垂直配置的分布筋可不必画出，但在附注中或钢筋表中说明其规格、直径、间距等。

板的配筋有分离式和弯起式两种：如果板的上下钢筋分别单独配置称为分离式；如果支座附近的上部钢筋是由下部钢筋弯起的则称为弯起式。图 4-2-1 中的配筋为分离式。

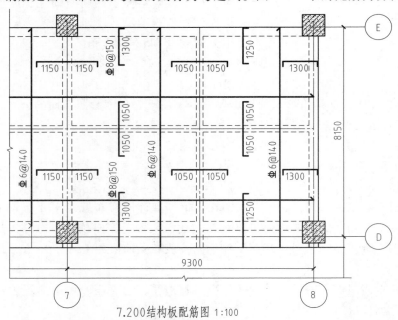

7.200结构板配筋图 1:100

注：未注板钢筋上筋为Φ8@200，板下筋为Φ8@200。

图 4-3-2 某建筑 7.200m 层高处板详图

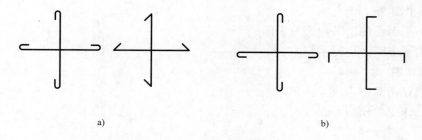

a)   b)

图 4-3-3   结构平面图中的双层钢筋画法
a）底层钢筋 b）顶层钢筋

任 务 总 结

本节任务主要是对钢筋混凝土结构中的重要构件，也就是梁、板的构件详图进行学习，通过本节的学习，应能识读一般的构件详图，理解图中所表达的意思，并能自行绘制简单的构件详图，图线、符号、编号等应用准确。

知 识 拓 展

除梁、板、柱等构件外，在建筑物中墙体也是一个很重要的构件，起着遮风、挡雨、保温、隔热、分隔空间等作用。

墙体依其所在位置不同，有内墙和外墙之分，凡位于建筑物周边的墙称为外墙，凡位于建筑内部的墙称为内墙。从结构受力的情况来看，墙体又有承重墙和非承重墙之分，墙体是否承重应按其结构的支承体系而定，非承重墙包括隔墙、填充墙和幕墙。根据墙体建造材料的不同，墙体可分为砖墙、石墙、土墙、砌块墙、混凝土墙以及其他用轻质材料制作的墙体，其中黏土砖因受到材源的限制，我国很多地方已经限制在建筑中使用实心黏土砖。

任务 4   基础平面图和基础详图

基础是在建筑物地面以下，将上部结构所承受的各种荷载传递给地基的构件，基础是建筑结构的组成部分。而地基是基础底下天然或经过加固的岩土层，不是建筑结构的组成部分。基础的形式一般根据上部结构形式、荷载、地基岩土的类别和土层分布状况等综合考虑确定。如图 4-4-2 所示的基础平面图应该如何识读和绘制？

任 务 分 析

基础图是表示建筑物室内地面以下基础部分的平面布置和详细构造的图样，它是房屋施工过程中放线、开挖基坑和砌筑基础的依据。基础图包括基础平面图和基础详图。因此在学习时应掌握以下内容：

1. 基础平面图

1）基础平面图的图示内容及识图。

2）基础平面图的绘制步骤。

2. 基础详图

1）基础详图的图示内容及识图。

2）基础详图的绘制步骤。

4.4.1 基础平面图和基础详图的形成

基础平面图是一个剖面图，它是假想用一个水平剖切平面沿建筑物的室内地面和基础之间把整栋房屋剖开后，移去上部的房屋和泥土并向下投影所作出的基础水平投影图。

基础详图一般用断面图表示。基础的断面形状尺寸、埋置深度及其他一些构造措施要根据上部荷载及地基承载力具体计算得出。因此，同一栋房屋，由于各处有不一样的荷载和不同的地基承载力，其基础便不会完全相同。对不同的基础，就要画出它的断面图，并在基础平面图上用剖切符号准确表明该断面的位置。基础详图要尽可能地与基础平面图画在同一张图纸上，以便对照施工。

常用的基础形式有条形基础、独立基础、筏板基础、箱型基础、桩基础，图 4-4-1a、b所示为条形基础和独立基础的基本形式。

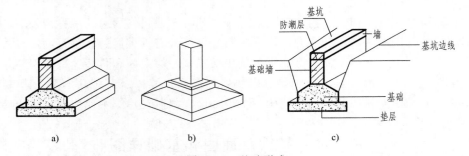

图 4-4-1　基础形式

a）条形基础　b）独立基础　c）条形基础详图

图 4-4-1c 所示为一条形基础详图，现以条形基础为例介绍有关基础的一些知识。基坑是为基础施工而开挖的土坑，坑底就是基础的底面。基础埋置深度是从室外设计地面至基础底面的垂直距离。埋入地下的墙称为基础墙，基础墙底一般做阶梯形的砌体，称为大放脚。防潮层是基础墙上防止地下水对墙体侵蚀而设的一层防潮材料。

1. 基础平面图的图示内容及识图

如图 4-4-2 所示，在基础平面图中，一般只画出基础墙、柱断面及基础底面的轮廓线，基础的细部投影可忽略不画，基础的这些细部做法，将具体反映在基础详图上。从图中可以看出，该房屋基础形式为条形基础。轴线两侧的粗线是剖切的墙边线，细线是基础底边线，涂黑的构件为构造柱、受力柱。

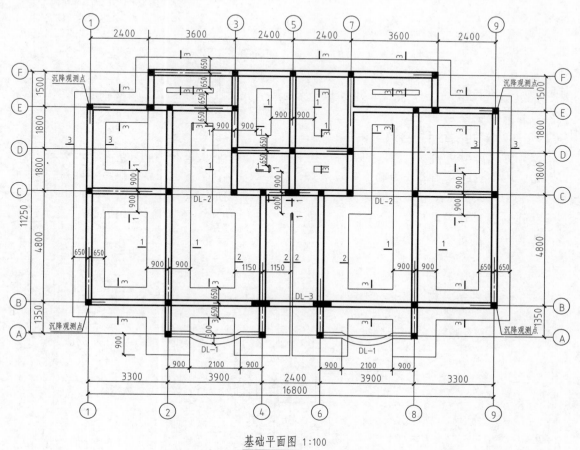

基础平面图 1:100

图 4-4-2　基础平面图

当房屋底层平面中开有较大的门窗洞口或底层平面有地梁但其上无墙时，为防止在基底反力作用下门窗洞口处基础有较大的变形，造成地面开裂隆起，通常在该处的条形基础中设置基础梁。同时，为了使建筑物具有较好的整体性，能够更好地满足抗震设防的要求，在基础平面图中设置基础圈梁，一般称之为地圈梁。地圈梁与基础梁拉通设置，才能使建筑物具有较好的整体性及抗震性能。构造柱可以从基础梁或地圈梁的顶面开始设置。

基础平面图中需注明基础的定位尺寸及定形尺寸。基础的定位尺寸是指基础墙、柱的轴线定位尺寸，轴线的编号及位置必须与建筑施工图一致。基础的定型尺寸是指基础墙宽度、柱外形尺寸、基础的地面宽度，这些尺寸可以直接标注在基础平面图上，也可以用文字加以说明。以①轴线为例，①轴线为左侧起始定位尺寸，图中可以看出，基础宽度为基础底面左右边线到轴线的尺寸均为 650mm，墙厚 240mm，墙居轴线中心设置。构造柱涂成黑色，建筑物四角设沉降观测点。基础详图采用断面图来表示，断面编号标注在基础底面线两侧，例如①轴线基础详图为 3—3 断面。

2. 基础平面图的绘制步骤

1）先按比例（常用比例 1∶100）画出与房屋建筑平面图相同的轴线及编号。

2）用粗实线画出墙（或柱）的边线，用细实线画出基础底边线。大放脚的水平投影端部轮廓线不画。

3）画出不同断面的剖切符号，并分别编号。

4）标注尺寸。主要标注纵向及横向各轴线间的距离，轴线到基础底边和墙边的距离，基坑宽及墙厚等。

5）注写必要的文字说明，如持力土层及地基承载力、材料强度、基础埋置深度、沉降观测点及其做法等。

3. 基础详图的图示内容及识图

基础详图一般采用垂直断面图表示，图 4-4-3 所示是本工程的基础详图之一。从图中可以看出，本工程的基础形式为墙下毛石条基，基础做法为 M7.5 水泥砂浆砌毛石。1—1 断面基底标高为 -2.550m，室外地坪标高为 -0.780m，基础埋深 1.77m，基底宽 1800mm，基顶宽 600mm，基础顶面设 300mm×400mm 地圈梁 DQL-1，DQL-1 顶标高为 -0.750m，梁主筋上下均为 2Φ16，箍筋为 Φ8@200。

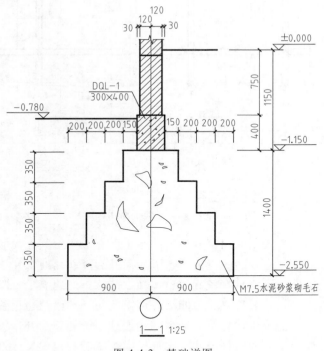

图 4-4-3　基础详图

4. 基础详图的绘制步骤

基础详图常用 1∶20、1∶30、1∶50 的比例画出，具体步骤如下：

1）画出与基础平面图中相对应的定位轴线。

2）画基础底面线、室内地面、室外地坪标高位置线。画基础的顶宽、底宽，根据基础各放阶高度排列尺寸画出基础断面轮廓。基坑开挖放坡线不画。

3）画出砖或混凝土墙、大放脚断面、防潮层。

4）标注基础详图水平和竖向尺寸，包括室内地面、室外地坪、基础底面及其他细部尺寸。

5）注写设计说明。一般包括材料（混凝土、砖、砂浆等）的强度等级、防潮层做法、垫层做法及施工技术要求等说明。

任务总结

本节任务主要是学习基础平面布置图和基础详图的基本知识，所使用的例子是采用了条形基础。通过本节学习，应能识读一般的基础平面布置图，理解图中所表达的内容。

知识拓展

建筑结构基础除上面举例用到的条形基础，还有很多其他的形式，如独立基础、筏形基础、箱形基础、桩基础等。

独立基础是指方形或矩形单独基础，常用于建筑物上部结构采用框架结构或单层排架及门架结构承重的情况。独立基础是柱下基础的基本形式。

当建筑物上部荷载较大，而所在地的地基承载能力又比较弱，采用简单的条形基础已不能适应地基变形的需要时，常将墙或柱下的基础连成一片，使整个建筑的荷载承受在一块整板上，这种满堂式的板式基础称为筏形基础。

当建筑物上部荷载较大时，需将荷载传至地基深层较为坚硬的地基中去，会使用桩基础。由若干桩来支承一个平台，然后由这个平台托住整个建筑物，这种结构称为桩承台。桩基础多用于高层建筑或土质不好的情况下。

箱形基础是由钢筋混凝土的底板、顶板和若干纵横墙组成的，形成空心箱体的整体结构，共同来承受上部结构的荷载。箱形基础整体空间刚度大，对抵抗地基的不均匀沉降有利，一般适用于高层建筑或在软弱地基上建造的上部荷载较大的建筑物。当基础的中空部分尺寸较大时，可用作地下室。

任务 5　楼梯结构详图

楼梯是建筑物内各个不同楼层之间上下联系的主要交通设施。在层数较多或有特种需要的建筑物中，往往设有电梯或自动扶梯，但同时也必须设计楼梯。那么，楼梯结构详图应包含哪些内容？应该如何绘制？下面进行具体介绍。

任务分析

楼梯是建筑内的垂直交通通道，是建筑的重要组成部分，楼梯的形式有很多种，如直跑楼梯、双跑楼梯、剪刀楼梯、螺旋楼梯等，较为常见的为双跑楼梯，本节以现浇钢筋混凝土双跑板式楼梯为例，说明楼梯结构图的主要内容。双跑楼梯是指从下一层楼（地）面到上层楼面需要经过两个梯段，两梯段之间设一个休息平台。板式楼梯是指梯段的结构形式，每一个梯段板是一块斜板，梯段板不设斜梁，梯段斜板直接支承在基础或楼梯平台梁上。

楼梯结构图应包括楼梯结构平面图、楼梯剖面图和配筋图。此项任务仍以某单住宅的楼梯结构图为例，详细说明楼梯结构图的任务完成过程。

楼梯结构平面图是设想沿上一楼层平台梁顶剖切后移去上面部分，向下投射所作的水平投影。楼梯的梁、板的轮廓线，可见的用细实线表示，不可见的用细虚线表示。为避免与楼梯平台钢筋线相混淆，剖到的砖墙轮廓线用中实线表示。墙上的门窗洞口不表示。因楼梯结构平面图主要表示楼梯和平台的结构布置，所以没有画出各层楼面在楼梯口的两边住户的分户门及楼梯间窗户。

楼梯结构剖面图是表示楼梯各构件的竖向布置、构造、梯梁位置及连接情况的图样。在楼梯剖面图中，应标注出楼层高度、楼梯平台高度、各梯段踏步数量和高度、各构件编号、楼梯梁位置、起始踏步位置等。在图中，剖到的梁、板采用粗实线表示，剖到的墙线用中实线表示，可见的板用细实线表示。

4.5.1 楼梯的组成部分

（1）楼梯梯段

设有踏步以供层间上下行走的通道段落称为梯段。一个梯段又称一跑。梯段上的踏步供行走时踏脚的水平部分称作踏面，形成踏步高差的垂直部分称作踢面。楼梯的坡度就是由踏步的高差和宽度形成的。

（2）楼梯平台

楼梯平台指连接两个梯段之间的水平部分。平台用来供楼梯转折、连通某个楼层或供使用者在攀登了一定的距离后稍事休息。平台因所在的位置不同分为正平台和半平台。与楼层标高相一致的平台称为正平台，介于两个楼层之间的平台称为半平台。

（3）扶手栏杆（板）

为了保证在楼梯上行走时安全，梯段和平台的临空边缘应设置栏杆或栏板，其顶部设有供人扶用的连续构件，称为扶手。

1. 楼梯结构平面图

楼梯结构平面图主要反映各构件（如楼梯梁、梯段板、平台梁及楼梯间的门窗过梁等）的平面位置、大小、定位尺寸、结构标高及楼梯平台板配筋等。楼梯结构平面图应分层绘制，当中间几层的结构布置、构件类型、平台板配筋相同时，可用一个标准层平面图表示。因此楼梯结构平面图至少应画出底层结构平面图、中间层结构平面图和顶层结构平面图。但是需注意，楼梯结构平面图中的轴线编号应与建筑施工图一致。楼梯结构平面图的剖切位置通常放在楼梯层间休息平台下方，若顶层还有上屋顶的楼梯，则顶层楼梯结构平面图的剖切位置在该楼梯的第二梯段之上。剖切符号仅在底层楼梯结构平面图中表示。

图 4-5-1 所示为某住宅建筑的楼梯，该楼梯为等跑楼梯，即楼层各梯段的踏步数量相同；楼梯结构平面图比例一般为 1：50，可以视情况采用 1：60、1：100、1：200。从图中

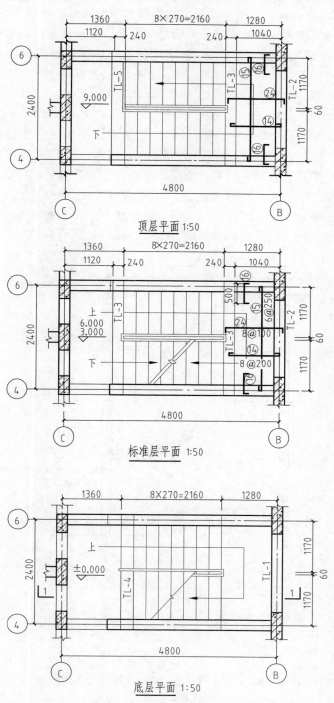

图 4-5-1　楼梯结构平面图

可以看出：该建筑楼梯开间为 2400mm，进深为 4800mm，梯板净宽为 1170mm−120mm = 1050mm，梯井宽为 60mm，楼梯入口在 ⓒ 轴线一侧；底层第一跑楼梯位置在入口的左边，楼梯起步位置距 ⓒ 轴线 1360mm，第一跑楼梯为 9 级，水平投影为 8 等分，楼梯踏步宽为 270mm，梯段长为 270mm×8 = 2160mm；第二跑楼梯起步位置距 ⓑ 轴线 1280mm，踏步宽度和梯段长同第一跑楼梯，图中注明楼梯休息平台处的标高。底层楼梯入口处必须保证净高大于 2.0m，为解决这个问题，底层双跑楼梯一般做成折板式楼梯，即无楼梯休息平台梁，也可视具体情况采取相应的方法。二层为标准层，采用标准层平面图表示，表示内容及方法同底层，顶层亦同。楼梯板、楼梯梁及平台均为现浇钢筋混凝土结构。

2. 楼梯结构剖面图

图 4-5-2 所示的剖面图为图 4-5-1 所示楼梯结构平面图中对应的楼梯结构剖面图，剖面图采用的比例为 1∶50，也可采用 1∶60、1∶100、1∶150、1∶200 等比例。图中标注出了楼层高度、楼梯平台高度、各梯段板踏步数量和高度、各构件编号、楼梯梁位置、起始踏步位置等。图中可以看出，一层楼梯为两跑，第一跑楼梯起跑处标高 ±0.000，终止标高 1.500m，梯段高 1500mm，竖向踏步数为 9 个，踏步高 167mm，梯板编号为 TB-1，梯板下梯梁标号为 TL-4。梯板上折板处梯梁编号为 TL-1，其他楼层的表示方法相同。

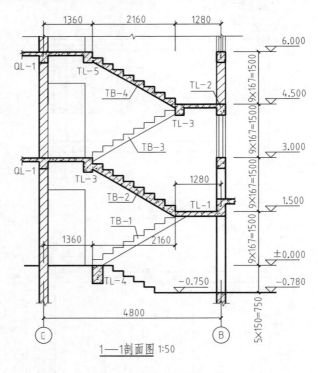

图 4-5-2　楼梯结构剖面图

3. 楼梯配筋图

由于楼梯结构剖面图比例较小，不能详细表示各构件的配筋，应该用较大的比例画出每个构件的配筋图，即为楼梯配筋图。如图 4-5-3 所示，从图中的 TB-1 配筋图中可知，梯板厚为 130mm，梯板的下部受力主筋为 ①、⑤ 号筋，规格为 Φ12@100，梯板上部受力主筋为

④、③号筋，规格为 Φ12@100；分布钢筋为②号，规格为 Φ6@270。图中不能清楚表示的钢筋位置、形状及长度，可在配筋图外面增加钢筋大样图来表示。楼梯配筋图中还表示出了楼梯平台板配筋及钢筋形状。

在楼梯配筋图中还按楼梯梁断面图中的表示方法，画出了 TL-1 至 TL-4 的钢筋，本图只示意画出了 TL-1，从图 4-5-3 中可以看出，TL-1 宽 240mm，高 400mm，绘图比例为 1：25，梁底部受力筋为 3 根直径为 16mm 的 HRB400 钢筋，上部为 2 根直径为 12mm 的 HRB400 的架立筋，箍筋为 Φ8@150。该梁为简支梁，两端搭在砖墙上，支承长度均为 240mm。

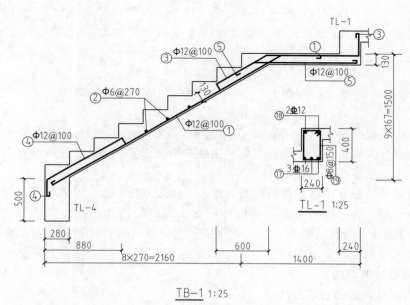

图 4-5-3　楼梯配筋详图

任务总结

楼梯中最简单的是直跑楼梯。直跑楼梯又分为单跑和多跑。楼梯中最常见的是双跑并列成对折关系的楼梯，又称双跑楼梯。此外，如果相邻梯段之间成角度布置，就形成折角式楼梯。另有剪刀式楼梯和圆弧形楼梯以及内径较小的螺旋形楼梯等。

建筑中的垂直交通通道，除楼梯外，还有台阶、坡道、电梯和自动扶梯等。

本节任务主要是绘制和识读楼梯结构详图，包括楼梯结构平面图、楼梯剖面图和配筋图。通过本节学习，应掌握楼梯详图中所包含的内容，并可以自行绘制楼梯结构详图。

任务6　混凝土结构施工图平面整体表示法

为了提高设计效率，改变传统的那种将构件从结构平面布置图中索引出来，再逐个绘制配筋详图的繁琐方法，2003 年 1 月 23 日，我国推出了由中国建筑标准设计研究所修订和编制的《混凝土结构施工图平面整体表示方法制图规则和构造详图》（图集代号03G101-1）图集，作为30种国家建筑标准之一，在全国推广。这种表示方法目前已为设计和施工单位广泛使用。

结构施工图平面整体设计方法（简称平法）的表达形式是把结构构件的尺寸和配筋等，按照平面整体表示方法制图规则，整体直接表达在各类构件的结构平面布置图上，再与标准构造详图相配合，即构成一套新型完整的结构设计。它改革了传统表示法的逐个构件表达方式，从而使结构设计方便、表达全面准确，易随机修正，大大简化了绘图过程。

《混凝土结构施工图平面整体表示方法制图规则和构造详图》包括两大部分内容：平面整体表示法制图规则和标准构造图集，该方法主要用于绘制现浇钢筋混凝土结构的梁、柱、剪力墙等构件的配筋图。如应该如何识读图4-6-1所示框架梁的配筋图？下面进行具体学习。

平法绘图标准既是设计者完成基础、柱、墙、梁、楼梯等平法施工图的依据，也是施工、监理等工程技术人员准确理解和实施平法施工图的依据。因此，在绘制和识读平法施工图的过程中，都要依据标准的规定进行。

由于用板的平面配筋图表示板的配筋画法，与传统方法一致，所以下面仅对梁、柱的平面表示法进行介绍。在平面图上表示各构件尺寸和配筋值的方式，有平面注写方式（标注梁）、列表注写方式（标注柱和剪力墙）和截面注写方式（标注柱和梁）等三种。因此本节所包含的内容如下：

1. 梁平面整体表示法
（1）平面注写方式的表达方法。
（2）截面注写方式的表达方法。
2. 柱平面表示法
（1）截面注写方式的表达方法。
（2）列表注写方式的表达方法。

4.6.1 平面整体表示法的主要形式

平面注写方法是用在梁平面布置图上，分别在不同编号的梁中各选一根梁，在其上注写截面尺寸和配筋具体数值的方式来表达梁平法施工图。当某跨断面尺寸或箍筋与基本值不同时，则将其特殊值从所在跨中引出另注。平面注写包括集中标注和原位标注，集中标注表达梁的通用数值，原位标注表达梁的特殊数值。当集中标注中某项数值不适用于梁的某个部位时，则将该数值原位标注，施工时原位标注取值优先。

截面注写方式是在分标准层绘制的梁（或柱）平面布置图上，分别在不同编号的梁（或柱）中各选一根梁，用剖面号引出配筋图，并在其上注写截面尺寸和配筋具体数值的方式来表达梁（或柱）平法施工图。

　　列表注写方式是用在柱平面布置图上分别在同一编号的柱中选择一个截面注写几何参数代号，在柱表中注写柱号、柱段起止标高、几何尺寸与配筋的具体数值，并配以各种柱截面形状及箍筋类型图的方式来表达柱平法施工图。绘图中一般只需采用适当比例绘制一张柱平面布置图。

　　截面注写方式既可单独使用，也可与平面注写方式结合使用。

任 务 实 施

1. 梁平面整体表示法

（1）平面注写方式的表达方法

平面注写包括集中标注和原位标注，如图 4-6-1 所示。

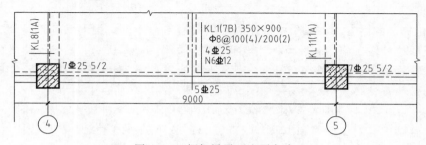

图 4-6-1　框架梁平面注写方式

　　1）集中标注的内容。如图 4-6-1 所示引出线上所注的四排数字即为集中标注。梁集中标注的内容包括五项必注值和一项选注值，下面介绍的前五项为必注值，第六项为选注值。

　　① 梁编号。由梁类型代号、序号、跨数及有无悬挑代号等几项组成，即图中的 KL1（7B）；该标注表示这根梁为框架梁（KL），编号为 1，共有 7 跨，梁两端有悬挑（括号中的 B）。梁类型、代号及编号方法见表 4-6-1。

表 4-6-1　梁类型、代号及编号方法

梁类型	代号	序号	跨数及是否带有悬挑
楼层框架梁	KL		
屋面框架梁	WKL		（XX）、（XXA）或（XXB）
框支梁	KZL	XX	注：（XX）为无悬挑，（XXA）为一端悬挑，（XXB）为两端有悬挑，
非框架梁	L		悬挑不计入跨数
井字梁	JZL		
悬挑梁	XL		

　　② 梁截面尺寸。一般等截面梁用 $b \times h$ 表示，集中标注中的 350×900 表示梁宽 350mm，高 900mm。若为其他特殊形式的梁，需增加其他的参数，则应按规范规定标注，此处不再赘述。

　　③ 梁箍筋。注写内容包括箍筋级别、直径、加密区与非加密区的间距及肢数。箍筋加密区与非加密区的不同间距及肢数用"/"分隔。Φ8@ 100（4）/200（2）表示箍筋为直径

8mm 的 HPB300 钢筋，加密区间距 100mm，四肢箍，非加密区间距 200mm，双肢箍。

④ 梁上部通长筋或架立筋。4Φ25 表示梁上部配有 4 根 25mm 的 HRB400 的通长筋。如果有架立筋，需注写在括号内，如 2Φ25+(2Φ20)，表示有 2 根 25mm 的 HRB400 的通长筋和 2 根 20mm 的 HRB400 架立筋。如果梁的上部和下部都配有通长筋且各跨配筋相同，可在此处统一标注，如 2Φ25；2Φ20，表示上部配置 2 根直径为 25mm 的 HRB400 通长筋，下部配置 2 根直径为 20mm 的 HRB400 通长筋，两者之间用 "；" 分隔。

⑤ 梁侧面纵向构造筋或受扭筋。当梁腹板高度 $h_w \geqslant 450$mm 时，须配置纵向构造钢筋，以大写字母 G 打头，当梁侧面需配置受扭纵向钢筋时，用大写字母 N 打头。本例中的 N6Φ12 即表示梁侧面配置 6 根 12mm 的 HRB400 抗扭钢筋。

⑥ 梁顶面标高高差。此项为选注项，梁顶面标高高差是指梁顶面标高相对于楼层结构标高的高差值。有高差时，将高差写入括号内，无高差时不注。梁的顶面标高高于所在楼层结构标高时，其标高高差为正值，反之为负值，如 （-0.100） 表示梁顶相对于楼层结构标高低 0.100m。

2) 原位标注的内容。当梁集中标注的某项数值不适用于该梁的某些部位时，则将该数值在该部位原位标注。施工时原位标注取值优先。如图 4-6-1 所示，右侧支座处的 7Φ25 5/2 表示该处除放置集中标注中的 4Φ25 外，还在支座处放置了 3Φ25 的附加钢筋 （共 7 根）。此处钢筋分两排放置，第一排放 5 根，第二排放 2 根，各排纵筋自上而下用 "/" 分隔。梁下部钢筋 5Φ25，表示梁下部配置 5 根 25mm 的 HRB400 钢筋，一排放置，全部伸入支座。

另外，若梁中有附加箍筋和吊筋，则直接画在平面图中的主梁上，用线引注纵配筋值，附加箍筋的肢数注写在括号内。

（2） 截面注写方式的表达方法

截面注写方式首先对所有梁按本图集表示方法规定进行编号，从相同编号的梁中选择一根梁，先将 "单边截面号" 画在该梁上，再将截面配筋详图画在本图或其他图上，当某梁的顶面标高与结构层的楼面标高不同时，还应在其梁编号后注写梁顶面标高高差，注写方式与平面注写方式相同。在截面配筋详图上应注写截面尺寸 $b \times h$、上部筋、下部筋、梁侧构造筋或受扭筋以及箍筋的具体数值，其表达方式与平面注写方式相同。

由于截面注写方式绘图工作量较大，未充分体现平法绘图直观、简洁的特点，一般不单独使用，常与平面注写方式一起使用。仅在表达异形截面梁尺寸及配筋时，用截面注写方式相对比较简单、详细。因此，本任务中不再详述。

2. 柱平面表示法

（1） 截面注写方式的表达方法

截面注写方法是除芯柱之外的所有柱截面从相同编号的柱中选择一个截面，按另一种比例原位放大绘制柱截面配筋图，并在各配筋图上继其标号后再注写截面尺寸 $b \times h$、角筋和全部纵筋、箍筋的具体数值以及在柱截面配筋图上标注柱截面与轴线关系 b_1、b_2、h_1、h_2、… 的具体数值。当纵筋采用两种直径时，须再注写截面各边中部筋的具体数值，对于采用对称配筋的矩形截面柱，可仅在一侧注写中部筋，对称边省略不注。

在截面注写方式中，如柱的分段截面尺寸和配筋均相同，仅分段截面与轴线的关系不同，则可将其编为同一柱号，但应在未画配筋的柱截面上注写该柱截面与轴线关系的具体尺寸。

图 4-6-2 所示为柱平法施工图截面注写方式示例。由图名可以看出，本图为标高 7.200~10.800 标高处柱的布置图。下面以框架柱 KZ-2 为例说明：在相同编号的柱中选取一个截面按比例放大，在其上旁边引出框架柱编号 KZ-2，柱截面尺寸 $b×h = 500mm×500mm$，与轴线的相对位置关系如图尺寸标注。柱纵向主筋为 12Φ16，箍筋为 Φ8@100/200，其他柱的读法相同。

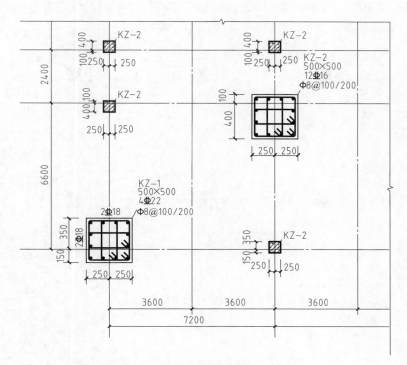

7.200~10.800 标高柱布置图 1:100

图 4-6-2 框架柱截面注写方式

（2）列表注写方式的表达方法

用列表注写方式绘制柱的结构布置及配筋时，需包含以下内容：

1）先绘出柱平面布置图，注写柱编号，如 KZ-1、KZ-2、KZ-3、…及与轴线的关系。柱截面及与轴线的尺寸关系应标注在平面图中，如图 4-6-3a 所示的 KZ-2，$b_1 = b_2 = 400mm$，$h_1 = 400$，$h_2 = 450mm$。

2）列表应注写的内容如下：

① 柱编号。柱编号由柱的类型代号和序号组成，一般框架柱用代号 KZ 表示，框支柱用 KZZ 表示，芯柱用 XZ 表示。

② 各段柱的起始标高。自柱根部往上以变截面位置或截面未变但配筋改变处为界分段注写。框架柱和框支柱的根部标高是指基础顶面标高；芯柱的根部标高是根据结构实际需要而定的起始位置标高。

③ 注写截面尺寸 $b×h$ 及轴线关系，须对应于各段柱分别注写。当截面的某一面与轴线重合或偏到轴线另一侧时，b_1、b_2、h_1、h_2 中的某项为零或为负值。

④ 柱纵筋。当柱纵筋直径相同，各边根数也相同时，将纵筋全部注写在纵筋一栏，除此之外，柱纵筋分角筋、截面 b 边中部筋和 h 边中部筋三项分别注写。

⑤ 箍筋类型号和箍筋肢数。具体工程设计的各类箍筋类型图及箍筋符合的具体方式，画在表的上部或图中的适当位置，并注写与表中相对应的编号和 b、h 数值。图 4-6-3b 中列出的编号为 KZ-1 的柱子，根据配筋和截面的变化分为三部分，起始标高分别为基顶 ~ 3.600、3.600~14.400、14.400~21.600，各段截面相同，均为 850mm×850mm，各段所配钢

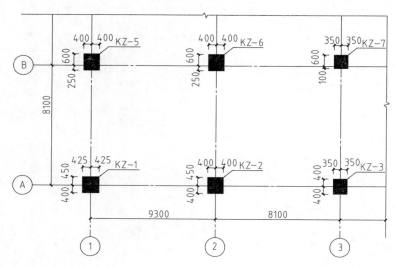

基层~屋面框架柱平面布置图 1:100

a)

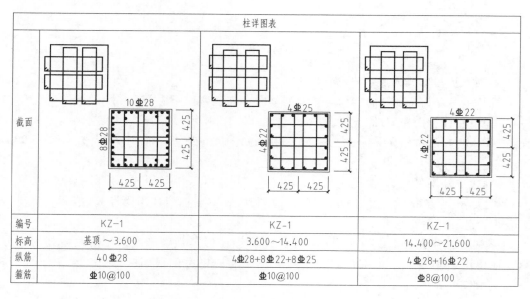

b)

图 4-6-3　框架柱列表注写方式

筋和箍筋不同，可依照前面的规则进行识读。

图 4-6-3a、b 中并无标注各类钢筋的连接方式、接头位置及基础柱插筋做法及断点位置、柱箍筋加密区范围等，这些做法都由施工单位的技术人员查阅图集 "03G101-1" 中的标准构造详图，对照确定。柱的构造做法较多，这里不再赘述，详细做法可查阅相关图集。

本节任务主要是掌握钢筋混凝土结构施工图平面整体表示方法的基本知识，针对梁和柱两种构件，分别介绍了其施工图的不同表示方法。因现在建筑结构设计中，所采用的基本上是平面整体表示法，所以应掌握平法表示的基本知识，对标注中的含义有清楚的了解。

用平法绘制结构施工图时，为了更好地减轻工作量且清楚地表达结构及钢筋配置，可适当采用一些简化表示方法：

1）当结构对称时，钢筋网片可用一半或 1/4 表示。

2）钢筋混凝土构件配筋较简单时，可按下列规定绘制配筋平面图：独立基础在平面图左下方，绘出波浪线，绘出钢筋并标注钢筋的直径、间距等；其他构件可在某一部位绘出波浪线，绘出钢筋并标注钢筋的直径、间距等。

3）对称的钢筋混凝土构件，可在同一图样中一半表示模板，另一半表示配筋。

项目 5　轴测图的绘制与透视图的了解

项 目 目 标

1. 了解平面图形与轴测图在工程应用上的区别。
2. 了解常见轴测投影的分类、形成及应用特点。
3. 掌握基本几何体、组合体正等轴测图和斜二等轴测图的绘制方法。
4. 了解透视图的知识。

任务 1　支座正等轴测图的绘制

如何根据图 5-1-1a 所示支座的三视图，画出正等轴测图 5-1-1b？

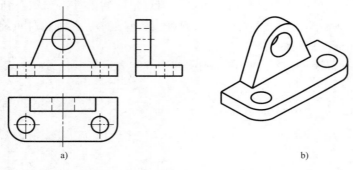

a)　　　　　　　　　　　　　　　　　b)

图 5-1-1　三面正投影图与轴测图的比较

a）支座三视图　b）轴测图

任 务 分 析

　　尽管前面各项目所绘制的正投影图，如图 5-1-1a 所示，具有作图简便、度量性和实形性好的优点，但直观性差，缺乏立体感，不熟悉看图知识的人难以看懂。为帮助读图，工程上常采用能在一个投影面上同时反映物体长、宽、高三个方向的形状，富有立体感且直观性较强的轴测图作为辅助图样，如图 5-1-1b 所示。同时，绘制各形体的轴测图，是提高空间想象能力、进行实物构形的一种有效手段。

　　由图 5-1-1 分析，支座由水平底板和正平立板两个基本体组合而成，可分别绘制两基本体的轴测图并叠加。为完成此任务，需要搞清楚轴测图的基本概念、基本形体轴测图的画法步骤，包括基本平面立体、曲面立体，最后采用组合体轴测图画法完成任务。下面就相关知识进行具体学习。

5.1.1 轴测图概述

1. 轴测图的形成

如图 5-1-2 所示，物体在 V、H 面上的投影，就是前面所介绍的多面正投影。将物体连同确定其空间位置的直角坐标系，沿不平行于任一坐标面的方向，用平行投影法将其投射到单一投影面上，所得到能同时反映物体长、宽、高三个方向的尺度和形状的图形，称为轴测投影图，简称轴测图。P 面称为轴测投影面，S 表示投射方向。

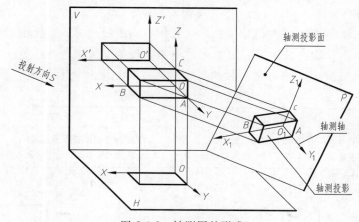

图 5-1-2 轴测图的形成

投射方向垂直于轴测投影面所形成的轴测图，称为正轴测图，如图 5-1-3a 所示。投射方向倾斜于轴测投影面所形成的轴测图，称为斜轴测图，如图 5-1-3b 所示。

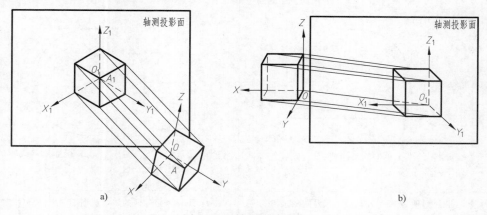

图 5-1-3 轴测图的分类

a）正轴测图　b）斜轴测图

直角坐标轴 OX、OY、OZ 的轴测投影 O_1X_1、O_1Y_1、O_1Z_1 称为轴测轴；相邻两轴测轴之间的夹角，$\angle X_1O_1Z_1$、$\angle X_1O_1Y_1$、$\angle Y_1O_1Z_1$，称为轴间角；轴测轴上的线段与空间坐标轴

上对应线段的长度比值，称为轴向伸缩系数。OX、OY、OZ 轴上的轴向伸缩系数通常用 p、q、r 表示。

2. 轴测图的基本性质

1）物体上相互平行的线段，在轴测图中仍然相互平行。

2）物体上平行于坐标轴的线段，在轴测图中仍然平行于相应的轴测轴，其轴向伸缩系数等于该轴测轴的轴向伸缩系数。

3）坐标轴上的线段在轴测图中仍在相应的轴测轴上；位于空间线段上的点，在轴测图中仍位于线段的轴测投影上。

3. 轴测图的度量原则

绘制轴测投影图时，只能沿轴或其平行的方向按相应轴向伸缩系数换算后直接度量。

4. 常用的轴测图

若改变物体与轴测投影面的相对位置，或选择不同的投射方向，将使轴测图有不同的轴间角和轴向伸缩系数，按此分类，有很多种轴测图。根据立体感较强、易于作图的原则，常用的轴测图有正等轴测图（正等测）和斜二轴测图（斜二测）两种，见表 5-1-1。

表 5-1-1 常用的轴测图

类别	正等测	斜二测
形成特点	1. 投射线与轴测投影面垂直 2. 三条直角坐标轴都不平行于轴测投影面	1. 投射线与轴测投影面倾斜 2. 坐标轴 OX、OZ 平行于轴测投影面
轴测图图例	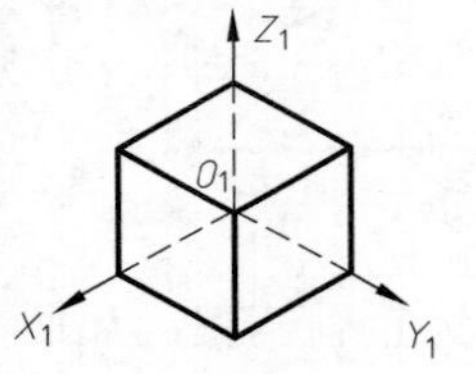	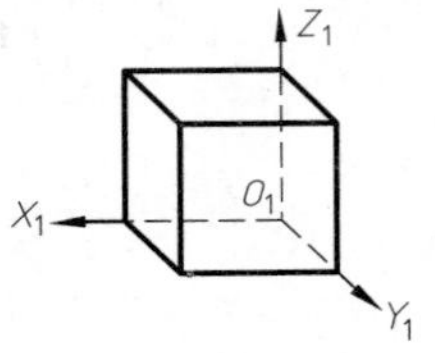
轴间角和轴向伸缩系数	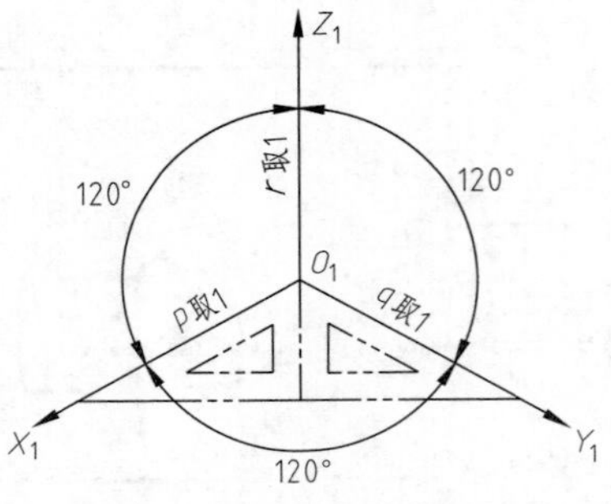 $p_1 = q_1 = r_1 \approx 0.82$。采用简化系数，在正等测中，取 $p = q = r = 1$	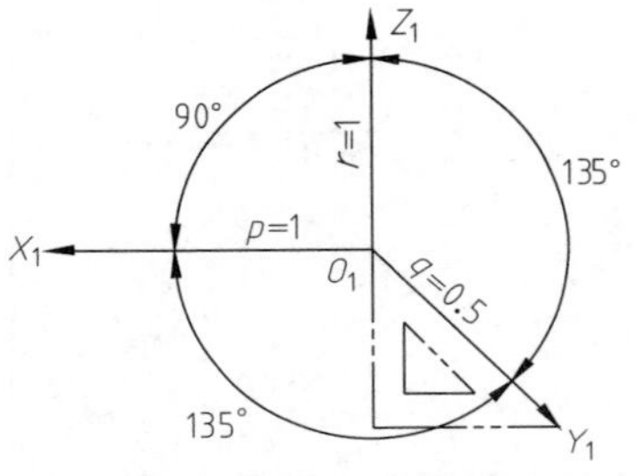 $p_1 = r_1 = 1, q_1 = 0.5$
作图特点	沿轴测轴 O_1X_1、O_1Y_1、O_1Z_1 方向的尺寸分别取实长	平行于 XOZ 坐标面的线段或图形的斜二测反映实长或实形，沿 O_1Y_1 方向的尺寸为实长的一半
方法	1. 坐标法：沿坐标轴测量，根据立体上点的坐标来确定点在轴测图中位置的画法 2. 切割法：对一些不完整的形体，可先按完整形体画出，然后按切割顺序及切割位置，逐个画出被切去部分的轴测图 3. 组合法：对一些复杂的立体，用形体分析法，先将其分解为若干基本形体，然后逐一组合	

（续）

类别	正等测	斜二测
步骤	1. 对所绘立体进行形体分析，应先在视图上选定原点，确定坐标轴 2. 画轴测图。先画轴测轴，根据上述方法绘制轴测图	
作图注意	1. 一般选立体中心点、平面图形顶点等为原点，选对称中心线、轴线、主要轮廓线为坐标轴 2. 在确定坐标轴和具体作图时，要考虑作图简便，有利于按坐标关系定位和度量，并尽可能减少作图线 3. 为使图形清晰，轴测图上一般不画细虚线。必要时为增强图形直观性，可画出少量细虚线	

5.1.2　基本形体正等轴测图画法

1. 平面立体的正等测画法

绘制平面立体的轴测图，实质上是绘制立体上点、棱线、棱面的轴测图的集合。

【例 5-1-1】　作图 5-1-4a 所示六棱柱的正等测。

分析：因为正六棱柱的顶面和底面都是处于水平位置的正六边形，于是取顶面的中心为原点，并如图 5-1-4a 所示确定坐标轴，用坐标法作轴测图。

作图步骤见图 5-1-4b~e。

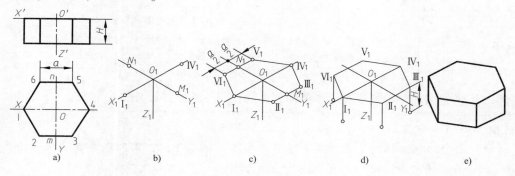

图 5-1-4　作六棱柱的正等测

a）在视图上选定原点和坐标轴。原点在顶面中心　b）画轴测轴，并在其上确定 I_1、IV_1 和 M_1、N_1

c）过 M_1、N_1 作直线平行于 O_1X_1，并在所作两直线上各量取 $a/2$ 确定四个顶点，连接

各顶点　d）过各顶点向下取尺寸 H 画各棱线　e）画底面各边并加深，即完成全图

2. 曲面立体的正等测画法

简单的曲面立体有圆柱、圆锥、圆球和圆环，它们的端面或断面均为圆。因此，首先要掌握坐标面内或平行于坐标面的圆的正等测画法。

（1）平行于坐标面的圆的正等测

平行于坐标面的圆的正等测都是椭圆，图 5-1-5 所示画出了立方体表面上三个内切圆的正等测椭圆。三个椭圆除了长短轴的方向不同外，画法都是一样的。圆所在平面平行于水平面（H 面）时，其椭圆长轴垂直于 O_1Z_1 轴；圆所在平面平行于正平面（V 面）时，其椭圆长轴垂直于 O_1Y_1 轴；圆所在平面平行于侧平面（W 面）时，其椭圆长轴垂直于 O_1X_1 轴。

（2）正等测椭圆的近似画法

图 5-1-6 为平行于 H 面的圆的正投影，图中细实线为外切正方形，现以此为例，说明正等测中椭圆的近似画法，作图过程见图 5-1-7。平行于坐标面的圆的正等测椭圆长轴的方向

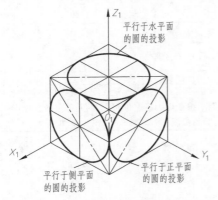

图 5-1-5 平行于坐标面的圆的正等测

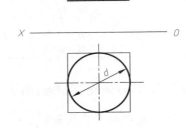

图 5-1-6 平行于 H 面的圆的投影

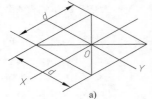 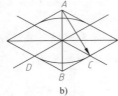 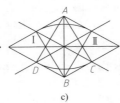 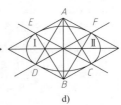

a) b) c) d)

图 5-1-7 平行于坐标面的圆的正等测——近似椭圆的画法

a) 画轴测轴，按圆的外切正方形画出菱形 b) 分别以 A、B 为圆心，AC 为半径画两大弧

c) 连接 AD 和 AC 交长轴于 Ⅰ、Ⅱ 两点 d) 分别以 Ⅰ、Ⅱ 为圆心，

Ⅰ D、Ⅱ C 为半径画小弧，在 C、D、E、F 处与大弧连接

与菱形的长对角线重合，短轴的方向垂直于长轴，即与菱形的短对角线重合。

【例 5-1-2】 作图 5-1-8a 所示的圆柱的正等测。

分析：因为圆柱的轴线是铅垂线，顶圆和底圆都是水平圆，因此取顶圆的圆心为原点，如图 5-1-8a 所示确定坐标轴，用坐标法作轴测图。

作图步骤见图 5-1-8b、c。

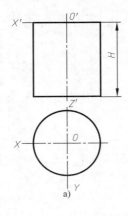 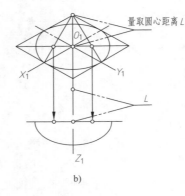 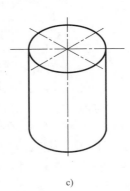

a) b) c)

图 5-1-8 作圆柱的正等测

a) 圆柱的两面投影和确定坐标轴 b) 画轴测轴。画顶面的近似椭圆，再把连接圆弧的圆心

向下移 H，作底面近似椭圆的可见部分 c) 作与两个椭圆相切的

圆柱面轴测投影的转向轮廓线，加深

（3）圆角的简化画法

平行于坐标面的圆角是圆的一部分，其轴测图是椭圆的一部分。常见的四分之一圆周的圆角，其正等测恰好是近似椭圆四段弧中的一段。从切点作相应棱线的垂线，即可获得圆弧的圆心。

根据上述知识，现在绘制 5-1-9a 所示支架的正等测。作图过程分析如下：

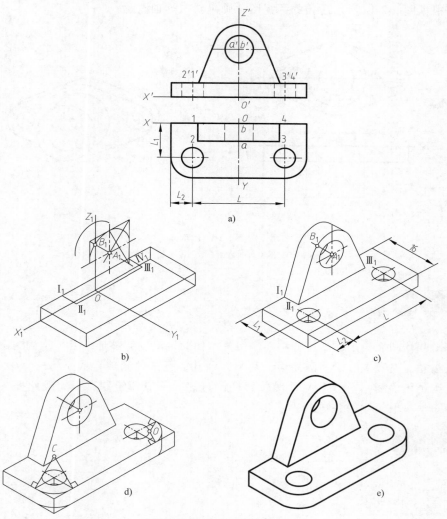

图 5-1-9　作支架的正等测

a）支架的两面投影和确定坐标轴　b）画轴测轴。先画底板的轮廓，再画竖板与它的交线 I₁、II₁、III₁、IV₁。确定竖板后孔口的圆心 B_1，由 B_1 定出前孔口的圆心 A_1，画出竖板圆柱面顶部的正等测近似椭圆弧　c）由 I₁、II₁、III₁ 各点作椭圆弧的切线，再作出右上方的公切线和竖板上的圆柱孔，完成竖板的正等测。由 L_1、L_2 和 L 确定底板顶面上两个圆柱孔口的圆心，作出这两个孔的正等测近似椭圆　d）从底板顶面上圆角的切点作切线的垂线，交得圆心 C、D，再分别在切点间作圆弧，得顶面圆角的正等测。再作出底面圆角的正等测。最后，作右边两圆弧的公切线，完成切割成带两个圆角的底板的正等测　e）加深并完成全图支架由上、下两块板组成，可采用组合法绘制轴测图。支架上面一块竖板的顶面是圆柱面，两侧的斜壁与圆柱面相切，中间有一圆柱孔。下面是一块带圆角的长方形底板，底板的左、右两边都有圆孔。因为支架左右对称，取后下底边的中点为原点，如图 5-1-9a 所示确定坐标轴。

作图步骤见图 5-1-9b~e。

任务 2　压盖斜二等轴测图的绘制

如何根据图 5-2-1a 所示压盖的两视图，画出斜二等轴测图？

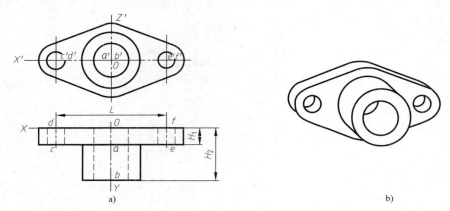

图 5-2-1　压盖

a）压盖的两面投影　b）压盖斜二测

任务分析

压盖由圆柱和底板组成。可分别绘制两基本体的轴测图并叠加。具体结构为圆柱中间有圆孔，底板左、右、上、下为圆柱面，两侧有圆孔，且圆柱被放置成平行于 XOZ 坐标面的位置，若选用正等测，平行于 V 面的投影椭圆过多，不方便绘制，为完成此任务，需要补充斜二测知识。下面就相关知识进行具体学习。

相关知识

5.2.1　斜二测画法

1. 斜二测轴测轴、轴间角和轴向伸缩系数

详见表 5-1-1，斜二测的轴向伸缩系数 $p_1 = r_1 = 1$，$q_1 = 0.5$，轴间角为 $\angle XOZ = 90°$、$\angle XOY = \angle YOZ = 135°$。

2. 平行于坐标面的圆的斜二测

图 5-2-2 所示画出了立方体表面上三个内切圆的斜二测：平行于坐标面 $X_1O_1Z_1$ 的圆的斜二

测，仍是大小相等的圆；平行于坐标面 $X_1O_1Y_1$ 和 $Y_1O_1Z_1$ 的圆的斜二测都是椭圆，且形状相同，但长轴方向不同。

作平行于坐标面 $X_1O_1Y_1$ 和 $Y_1O_1Z_1$ 的圆的斜二测时，可用"八点法"作椭圆。图 5-2-2 所示画法为"八点法"作平行于坐标面 $X_1O_1Y_1$ 的圆的斜二测椭圆：先画出圆心和两条平行于坐标轴的直径的斜二测，这就是斜二测椭圆的一对共轭直径，即斜二测椭圆的共轭轴，过共轭轴的端点 K、L、M、N 作共轭轴的平行线，得平行四边形 $EGHF$。再作等腰直角三角形 EE_1K，取 $KH_1 = KH_2 = KE_1$，分别由 H_1、H_2 作 KL 的平行线，交对角线于点 1、2、3、4，用曲线板将它们和共轭轴的端点连成椭圆。

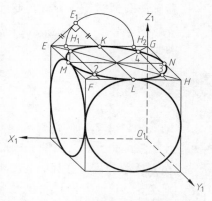

图 5-2-2　平行于坐标面的圆的斜二测

3. 斜二测画法

斜二测中，形体上平行于 XOZ 坐标面（V 面）的直线或平面图形，都反映实长和实形。当形体只有一个方向有圆或形状复杂时，采用斜二测作图较方便，应使形体上的圆或复杂形状放置成与 XOZ 坐标面平行，其斜二测才反映实形。斜二测画法方法与正等测相同。

任务实施

根据上述知识，现在绘制 5-2-1b 所示压盖的斜二测。作图过程分析如下：

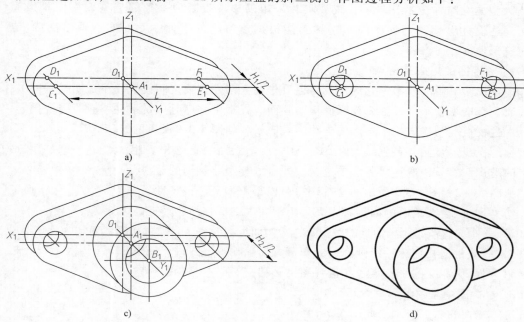

图 5-2-3　作压盖的斜二测

a）画轴测轴。由两面投影中所标注的尺寸 H_1、L 确定底板前面的中心 A_1 和底板两侧圆柱的圆心 C_1、D_1、E_1、F_1，画出底板　b）以 C_1、D_1、E_1、F_1 为圆心作出底板两侧的圆孔　c）由尺寸 H_2 确定圆柱前端面的圆心 B_1，以 A_1、B_1 为圆心画出圆柱，再以 O_1、B_1 为圆心画出圆柱中间的圆孔　d）加深并完成全图压盖轴测图根据任务分析，适合选用斜二测。取底板后面的中心为原点，确定坐标轴，如图 5-2-3a 所示。

绘图步骤见图 5-2-3b~d。

任 务 总 结

1. 轴测图符合人们的视觉习惯，直观性强，能够加强学生的空间立体概念，提高空间想象能力及分析能力，对画图、读图有很大帮助。

2. 在立体感和度量方面，正等测较斜二测好。但形体在平行于某一投影面方向上形状复杂或圆较多，其他方向较简单或无圆，采用斜二测好。三个方向都有圆则选正等测。

3. 为正确绘制轴测图，应先在三视图中建立合理的坐标系，再依据形体结构确定绘制轴测图的方法步骤。只能沿轴或其平行的方向进行度量，轴测投影具有平行性、从属性。

任务 3   了解透视图

建筑造型常采用绘制具有透视、色彩及质感效果的立体外观图（又称效果图）来生动、真实地表达建筑物的形象。效果图是以透视投影图为基础加以色彩渲染而成。透视投影又称透视图，简称透视，它是建筑工程图样的重要组成部分之一。

由于新建筑的造型设计，是不具有实物存在的形象思维活动，不可能用照片之类的图样来表现未建成建筑物的形象，为了正确形象地表达设计者的设计构思和意图，在提供设计造型方案时作分析比较、征询意见，采用以透视投影为基础的造型效果图是最简便、迅速表达设计思想的一种手段。这种图能根据建筑物的平面、立面图，画出准确、逼真的建筑形象。

1. 透视图的形成及特点

透视投影属中心投影。它的形成可以看作在人与建筑物之间设置一个透明铅垂面 V 作为投影面，在透视投影中，这个投影面称为画面。投影中心就是人的眼睛 S，即透视投影中的视点。过视点 S 与建筑物上各点的连线为投影线，如图 5-3-1 所示的 SA、SB、…等，透视投影中称为视线。显然，各视线 SA、SB、SC、…与画面的交点 $A°$、$B°$、$C°$、…就是建筑物上各点的透视。然后依次连接各点的透视，即得到整个建筑物的透视。

从图 5-3-2、图 5-3-3 所示的透视现象可以得出如下透视特性：

1）等高的直线，距画面近者则高，距画面远则低，简述为近高远低。

2）等距的直线，距画面近的间距疏，距画面远的较密，且越远越密，简述为近疏远密。

3）等体量的几何体，距画面近的体量大，远则小，即近大远小。

4）与画面相交的平行直线在透视图中必相交于一点，称为灭点。

2. 透视图中常用的名词术语

有关透视的名词与术语如图 5-3-4 所示。

基面——放置建筑物的水平面（地平面），以字母 G 表示，也可将绘有建筑平面图的投影面 H 理解为基面。

画面——形成透视图的平面，以字母 P 表示，一般以垂直于基面的铅垂面作为画面，也

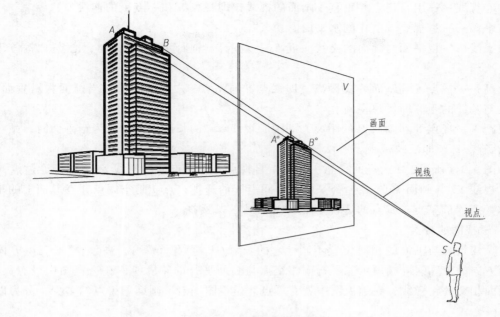

图 5-3-1　透视图的形成过程

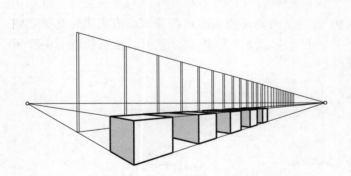

图 5-3-2　等高、等间距、等体量物体的透视图

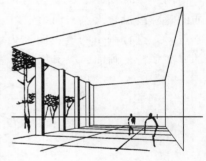

图 5-3-3　室内透视简图

可用倾斜平面作画面。

　　基线——基面与画面的交线，在画面上用 g-g 表示基线，在平面图中则以 p-p 表示画面的位置。

　　视点——相当于人眼所在的位置，即投影中心 S。

　　站点——视点 S 在基面 G 上的正投影 s，可以理解为人在观看物体时所站的位置。

　　心点——视点 S 在画面 P 上的正投影 s°。

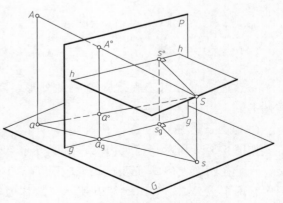

图 5-3-4　透视的名词与术语

中心视线——引自视点并垂直于画面的视线，即视点 S 和心点 $s°$ 的连线。

视平面——过视点 S 所作的水平面。

视平线——视平面与画面的交线，以 $h-h$ 表示，当画面为铅垂面时，心点 $s°$ 就位于视平线 $h-h$ 上。

视高——视点 S 到基面 G 的距离，即视点 S 与站点 s 之间的距离。当画面为铅垂面时，视平线与基线的距离即反映视高。

视距——视点 S 到画面 P 的距离，即中心视线 $Ss°$ 的长度，当画面为铅垂面时，站点到基线的距离 ss_g，即反映视距。

如图 5-3-4 所示，A 为空间任意一个点，自视点 S 引向点 A 的直线 SA，就是通过点 A 的视线；视线 SA 与画面 P 的交点 $A°$，就是空间点 A 的透视；点 a 是空间点 A 在基面上的正投影，称为点 A 的基点；基点的透视 $a°$，称为点 A 的基透视。

3. 透视图的分类

由于建筑物与画面的相对位置不同，它的长（OX）、宽（OY）、高（OZ）三组方向上的主要方向的轮廓线与画面可能平行或相交。与画面平行的轮廓线，在透视图中没有灭点；而与画面相交的轮廓线，在透视图中就有灭点。透视图一般以画面上灭点的多少，分为以下三类：

（1）一点透视

如图 5-3-5a 所示，建筑物有两组方向的轮廓线（OX、OZ 方向）平行于画面，这两组方向的轮廓线没有灭点，而第三组（OY 方向）与画面垂直方向的轮廓线有灭点，其灭点就是心点 $s°$。这样画出的透视图称为一点透视，如图 5-3-5b 所示。此时，建筑物因有一个方向的立面平行于画面，故又称正面透视。

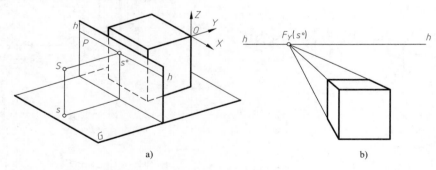

图 5-3-5 一点透视

a）一点透视的形成 b）一点透视图

一点透视通常用于表现建筑物的外形、室内及街景等，图 5-3-6 所示为一点透视的实例。

（2）两点透视

如图 5-3-7a 所示，建筑物仅有高度方向与画面平行，而另两组方向轮廓线均与画面相交，于是在画面上形成了两个灭点 F_X 及 F_Y，这两个灭点在视平线 $h-h$ 上，这样画成的透视图中有两个主灭点，如图 5-3-7b 所示，故称为两点透视。由于建筑物的两个立面均与画面成倾斜角度，所以又称为角透视。

图 5-3-6　一点透视的实例

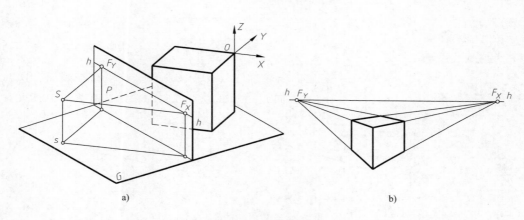

a)　　　　　　　　　　　　　　　　b)

图 5-3-7　两点透视

a）两点透视的形成　b）两点透视图

两点透视主要用于绘制建筑物的外形、室内等，图 5-3-8 为两点透视的实例。

（3）三点透视

当画面与基面倾斜时，建筑物的三组主向轮廓线均与画面相交，这样在画面上就会形成三个灭点，如图 5-3-9a 所示。这样的透视图，称为三点透视，如图 5-3-9b 所示。正因为画面是倾斜的，故又称为斜透视。

三点透视图具有稳定庄重的感觉，主要用于绘制高耸的建筑物，如图 5-3-10 为三点透视的实例。

透视图是建筑工程图样的重要组成部分之一，其具有生动、直观、形象的特点，是建筑设计中表达设计思想的一种手段。透视图的主要特点如下：

图 5-3-8　两点透视的实例

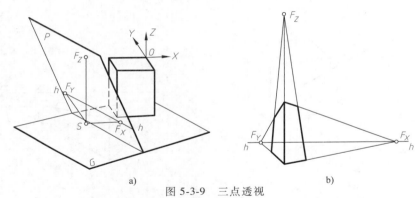

a)

b)

图 5-3-9　三点透视

a) 三点透视的形成　b) 三点透视图

图 5-3-10　三点透视的实例

1. 等高的直线，距画面近者则高，距画面远者则低，简述近高远低。

2. 等距的直线，距画面近的间距疏，距画面远的较密，且越远越密，简述近疏远密。

3. 等体量的几何体，距画面近的体量大，远则小，简述近大远小。

参 考 文 献

［1］ 中国计划出版社. 建筑制图标准汇编［M］. 北京：中国计划出版社，2003.

［2］ 中国建筑标准设计研究院. 04J801 民用建筑工程建筑施工图设计深度图样［S］. 北京：中国计划出版社，2004.

［3］ 中国建筑标准设计研究院，中元国际工程设计研究院. 中南建筑设计院 04G103 民用建筑工程结构施工图设计深度图样［S］. 北京：中国计划出版社，2004.

［4］ 中国建筑标准设计研究院. 16G101-3 混凝土结构施工图平面整体表示方法制图规则和构造详图［S］. 北京：中国计划出版社，2003.

［5］ 俞智昆. 建筑制图［M］. 北京：科学出版社，2012.

［6］ 邢燕雯，宿晓萍. 民用建筑构造［M］. 北京：机械工业出版社，2011.

［7］ 朱育万，卢传贤. 画法几何及土木工程制图［M］. 3 版. 北京：高等教育出版社，2005.

［8］ 钱可强. 建筑制图［M］. 北京：化学工业出版社，2010.

［9］ 盛平，王延该. 建筑识图与构造［M］. 武汉：华中科技大学出版社，2013.

［10］ 胡建平. 建筑识图与房屋构造［M］. 广州：华南理工大学出版社，2012.